U0193313

学衡尔雅文库

主编　孙江

目录

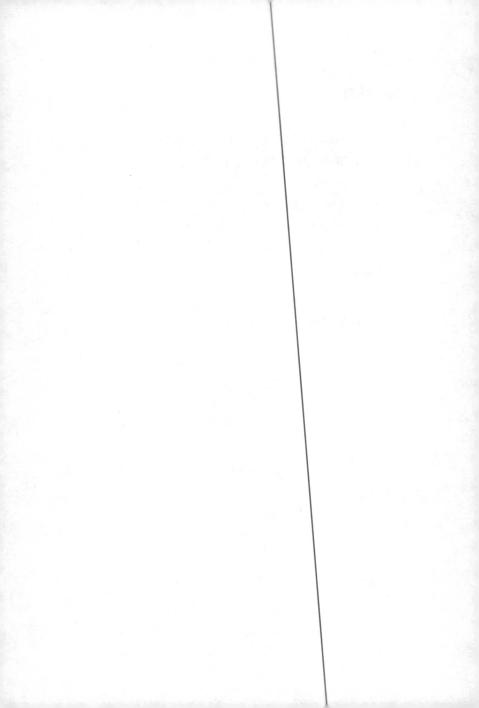

楔子

1994 年,《中国季刊》(*China Quarterly*) 6 月号刊载了三篇专题文章,讨论发生在中国河海大学的一起事件。 1988 年 12 月 24 日,一位非洲留学生在被要求按制度登记留宿校外女子名字时与门卫发生争执,殴打并致门卫受伤。 此事引起校内学生的不满。 有关部门及时采取措施,很快将事件化解。《中国季刊》的文章将事件曲解为 "种族民族主义"(Racial Nationalism) 或 "民族种族主义"(National Racism) 的产物。①

　　本来,和世界其他地方发生的类似事件一样,这是一起个体的、局部的事件,何以会被外国论者上升到种族的、文化的

---

① Michael J. Sullivan, "The 1988 - 89 Nanjing Anti-African Protests: Racial Nationalism or National Racism?" *China Quarterly*, June 1994, No. 138, pp. 438 - 457. Barry Sautman, "Anti-black Racism in Post-Mao China," *The China Quarterly*, June 1994, No. 138, pp. 413 - 437. Frank Dikötter, "Racial Identities in China: Context and Meaning," *The China Quarterly*, June 1994, No. 138, pp. 404 - 412.

和历史的高度呢？ 撇开文章的细节不论，就其主旨看，存在立论的错误。 特别是，作者居然将事件放在历史的脉络里定性为"种族民族主义"或"民族种族主义"，如果此说成立，不就是说中国自古就存在种族主义了吗？ 这可是颠覆学界常识的论调。 种族（race）、种族主义（racism）是18世纪以降形成的近代概念，即使近代的种族话语与古代的华夷话语有可比之处，二者亦非一回事。

为什么会出现如此既不符合历史又反常识的文章呢？ 这一方面是论者自身认识的投影，另一方面也和撰写导语的冯客（Frank Dikötter）有关。 冯客不仅把事件视为历史连续性的产物，还影响了另外两位作者的写作，两位学者同声感谢冯客给予的启示。 冯客不在事件现场，为什么能指引两位研究者的写作呢？ 答案写在他的《近代中国之种族观念》一书里。 打开这本书的扉页，扑面而来的一长段引文反映了冯客审读事件的思维定式：

> 从前，地球上没有人类，太白仙君决定创造人类。他先用粘土捏出人形，然后将其放在窑内烧烤。因为烤得时间长，第一个烤焦了，太白仙君就把它扔到了非洲，这就是非洲人的起源。第二次太白仙君很小心，但烤得时间太短，火候不到，太白就将其扔到了欧洲，这就是白人的起源。第三次，太白仙君吸取此前的教训，时间和火候都掌握得很好，烤出来的人既不黑，也不白，太白仙君很满意，就将其放在

地上,这是亚洲黄种人的起源。①

　　这则传说采自中国台湾客家,冯客将其作为论述中国人种话语的楔子,乃是明示在西方人种概念传到中国前,中国即存在根深蒂固的种族思想。事实真的如此吗? 文中的"亚洲"、"非洲"和"欧洲"等名词是到20世纪才普及的,19世纪流行的名词是"亚细亚"、"阿非利加"和"欧罗巴"等。② 同样,文中"黑色人"、"白色人"和"黄色人"等"人分三种说"也是到20世纪初才为中国知识界所议论的。更重要的是,在19世纪以降有关黑色人、棕色人、红色人和黄色人的人种差异化的文本中,很难看到白种人"劣等"字样。中国台湾客家的人种话语是何时又如何被制造出来的? 1915年,《台湾日日新报》刊登了一篇题为《日本人是白种》的短文③,从该文对白种人的推崇中可见,中国台湾客家人种话语的源起大概和其后日本的殖民统治有关,很可能是日本帝国主义宣扬"黄种"对"白种"战争的产物。

　　换一个角度,从方法论上审视冯客的历史认识,至少存在

---

① Frank Dikötter, *The Discourse of Race in Modern China*, Hong Kong, 1992. [荷]冯客:《近代中国之种族观念》,杨立华译,南京:江苏人民出版社1999年版。
② 黄东兰:《"亚洲"的诞生——近代中国语境里的"亚洲"概念》,见孙江主编《新史学——概念·文本·方法》第2卷,北京:中华书局2008年版,第27—46页。
③ 《日本人是白种》,《台湾日日新报》1915年4月14日。

两个值得商榷的问题。一是本质主义的认识方法，这是一种把过去的事象与现在的事象没有媒介地勾连在一起的思考方法，忽视了事象之间的非匀质化的断裂特质。借用德国学者顾德琳（Gotelind Müller-Saini）批评冯客《近代中国之种族观念》的话，冯客没有对中国古代的"文化种族中心主义"（cultural ethnocentrism）与近代的"人种种族中心主义"（racial ethnocentrism）作必要的区分。① "文化种族中心主义"以"文化""文明"作标准，所谓"华"与"夷"的关系是相对的，可以置换。古罗马有句谚语：Graecia capta ferum victorem cepit——被俘获的希腊俘获了野蛮的胜利者，意为被罗马征服的文明的希腊反过来征服了野蛮的罗马。历史地看，罗马在征服希腊后学习希腊文化，希腊文化成为罗马知识人心向往之的所在。这与古代中国相似，"华"与"夷"的对立并非不可逆的。但是，在18世纪以后制造的种族主义话语里，人的可视性差异被"科学"化后，这种关系成为不可逆的关系。

另一个问题可称为目的论的研究方法，这是基于当下需求发现"历史"的方法。在这一方法论的驱使下，冯客搜集了大量符合其主张的资料，由于偏于一端，致使误读文本。比如，他引用徐继畬（1795—1873）《瀛寰志略》（1844）中的一段话："居中土久，则须发与睛渐变黑。其男女面貌，亦有半似

---

① Gotelind Müller-Saini, "Are We 'Yellow' and Who is 'Us'? China's Problems with Glocalising the Concept of 'Race' (around 1900)," *Das Borumer Jahrbuch zur Ostasienforschung*, 2008, pp. 153 - 180.

中土者。"接着评论道:"这再一次促使人知道在天朝居住会使外国人半人性化。"①实际上,徐继畬这段话前有"或云"二字,表明徐继畬对人的肤色、头发和眼睛色彩随环境而变之说未必尽信。 况且徐继畬称欧洲人"性情缜密,善于运思,长于制器、金木之工,精巧不可思议,运用水火尤为奇妙"②。《瀛寰志略》是根据美国传教士提供的地理学资料编撰而成的,除去以阴阳五行解释自然和人文现象外,介绍的是标准的人种学知识,甚至还间接地触及"人分四种说"。

上述问题说明,在围绕中国近代人种话语的研究中,存在将先入之见强加给"历史"的现象。 人种概念涉及中国人如何接受西学的问题,要厘清该概念在中国的再生产,有必要进行跨语言和跨文化的比较研究。

① Frank Dikötter, *The Discourse of Race in Modern China*, p. 49.
② 徐继畬:《瀛寰志略》,上海:上海书店出版社 2001 年版,第 12 页。

第一章

基准

"人种"是 race 的汉译，race 又被译作"种族"。英国传教士马礼逊（Robert Morrison，1782—1834）编纂的《英华字典》（1815—1823）是第一部英汉字典，里面没有收录race。① 20 多年后，race 出现在其他传教士编纂的英汉字典里，兹举三例：

卫三畏（Samuel Wells Williams，1812—1884）《英华韵府历阶》（1844）：race 种类。②

麦都思（Walter Henry Medhurst，1796—1857）《英汉字典》（1848）：offspring 孽种，苗裔；the human race 人类。③

罗存德（Wilhelm Lobscheid，1822—1893）《英华字典》

---

① Robert Morrison, *A Dictionary of the Chinese Language*, Macao: Honorable East India Company's Press, 1815 - 1823.

② Samuel Wells Williams, *An English and Chinese Vocabulary*, Macao: Office of the Chinese Repository, 1844, p. 228.

③ Walter Henry Medhurst, *English and Chinese Dictionary*, Vol. II, Shanghai: The Mission Press, 1848, p. 1039.

（1866）：race 类、种。 the human race 人类，the black race 黑种，a mixed race 杂种，a race of giants 一种英雄，to exterminate the race 殄灭种类。①

在汉语里，"种"、"类"以及"种类"是依据事物或人群的特征进行区分的字词，上述三部字典将 race 译为"种"或"种类"，传递了 race 的本义。《英华韵府历阶》出版于 1844 年，race 最早出现在这部字典里，这说明不晚于这个时间点人种已经进入汉语世界。

一、"色"即是空

人种概念是如何在中国传布的？ 换言之，我们应该从何处入手进行考察？ 作为传递标准化知识的文本，《辞海》无疑是可资利用的参考。 1936 年出版的舒新城等主编的《辞海》是中国第一部辞海，其关于人种词条，有如下一段文字：

世界上人类之种别也。世界人种之分类法，凡有种种，其最广行者，为德国布卢门巴哈氏分类法，即根据肤色及头

----

① Wilhelm Lobscheid, *English and Chinese Dictionary*: *With the Punti and Mandarin Pronunciation*, Hong Kong: "Daily Press" Office, 1866 - 1869, p. 1419.

形分世界人种为蒙古利亚人种（黄种）、高加索人种（白种）、阿非利加人种（黑种）、亚美利加人种（红种）、马来人种（棕种）之五变种。亦有将马来人种归入蒙古利亚人种，而分世界人种为四种者；更有将印第安人种亦并入蒙古利亚人种为三种者；最近又有以头颅骨而分世界人种为长颅人种（Dolichocephalous）短颅人种（Brachycephalous）之两种者。但现今之分类，则多如一般之动植物分类，采自然系统分类法，即分世界人类为亚细亚系统、欧罗巴系统、阿非利加系统、亚美利加系统及不属于此等系统之各种族（称为海岸岛屿住民），亦凡五种也。[①]

这段文字介绍了人种的分类，提到"人分五种说"、"人分四种说"、"人分三种说"和"人分两种说"等，特别提到布卢（鲁）门巴哈的"人分五种说"——"蒙古利亚人种（黄种）、高加索人种（白种）、阿非利加人种（黑种）、亚美利加人种（红种）、马来人种（棕种）之五变种"，这表明，截至1936年，虽然人种的分类法有多种，"五种说"是最为主要的一个。

时隔25年，1961年由中华书局主持修订的舒新城等主编《辞海》，对人种词条解释如下：

[①] 舒新城、沈颐、徐元浩、张相主编：《辞海》（据1936年版缩印），北京：中华书局1981年版，第174页。

人种也叫"种族"。在体质形态上具有某些共同遗传特征(如肤色、发色、眼色、发形等)的人群。这些特征是人类脱离动物界后,在一定的时间和地域内形成的,而且是可以改变的。根据这些特征,可把全世界人类分为三大人种,即蒙古人种、欧罗巴人种和尼格罗-澳大利亚人种。各人种间在形态上虽有一定的区别,但在生物学上同属一个物种。①

与1936年的第一版相较,修订版的内容变化较大,人种分类诸说只剩下"三种说"——蒙古、欧罗巴和尼格罗-澳大利亚人种,而且"各人种间在形态上虽有一定的区别,但在生物学上同属一个物种"。《辞海》人种词条收录在"自然科学·生物"分册,这意味着人种等差已经在科学上被否定了。

1961年版《辞海》的人种叙述为1979年版所继袭,内容直到1989年版才有所变化。 1989年版是今日中国学界对人种概念最标准化的界定,后出的1999年修订版和2009年修订版都没有对该词条作根本的改动。 1989年版《辞海》写道:

在体质形态上具有某些共同遗传特征(如肤色、发色、发形、眼色、血型等)的人群。这些特征是在—定的地域内,长期适应自然环境而形成的。根据这些特征,全世界人类

---

① 中华书局辞海编辑所修订:《辞海试行本 第13分册 自然科学(2)生物》,北京:中华书局1961年版,第68页。

可分为三大人种，即蒙古人种、尼格罗人种和欧罗巴人种。各人种之间，在形态上和血型频率上虽有一定区别，但无明显界限，而具有逐渐过渡的现象，这充分说明全世界各人种在生物学上同属一个物种，并具有共同的祖先。也有主要根据肤色特征，把人类分为黄色人种、黑色人种、白色人种和棕色人种等的。①

与1961年版相比，1989年版关于人种的界定增加了一段很重要的文字："全世界各人种在生物学上同属一个物种，并具有共同的祖先"。这不仅彻底否定了建立在可视的等差基础上的人种概念，而且人类本来就属于同一物种，甚至还有"共同的祖先"。至此，人种概念变成一个空洞的符号。

二、 概念即历史

从人种概念的空洞化回看其译介到中国的历史，可以看到另一个相反的过程——概念化的历史。一方面，人种概念在原有的内涵之外积淀了中国的历史经验；另一方面，有关该概念的改写或转写反映了它对中国乃至东亚历史的影响。

---

① 辞海编辑委员会编：《辞海》，上海：上海辞书出版社1989年版，第795页。

就《辞海》看，在人种词条里端坐着可视化的人群——白色、黄色、棕色、红色、黑色等。这里的"色"，首先如"自动词"，指向其自身，是与他者无关的自我，仅有标识作用。如果仅止于此，"色"就是一种"客观"的描述。但是，"色"的意义存在于与他者的关系之中，作为"他动词"，反映了特定的现实和价值取向。在这个意义上，人种概念的空洞化就是人种等差逐渐匀质化的过程。

不同的、具有等差的"色"构成了人种的"语义场"（semantic field），当不同的"色"——确切地说是白色对其他诸色——之间的紧张被赋予政治意义后，"色"即开始了意识形态化和政治化。因此，人种概念里的"色"的等差不是自然的，是由居于上位的"白色"所建构的，"白色"是主体，其他诸"色"皆为被写体。

在西来人种概念中国化的过程中，出现了可谓之为"反概念"的现象："黄色"的平等化诉求和被置于末端的"黑色"的政治抗争。1961年版《辞海》在述及人种时，撇开"色"的差异，强调亚非（拉）与欧美的不同，实则将人种概念转化为地缘政治概念。1989年版《辞海》超越人种决定论，彻底解构人种概念，是一值得记下的重要事件。

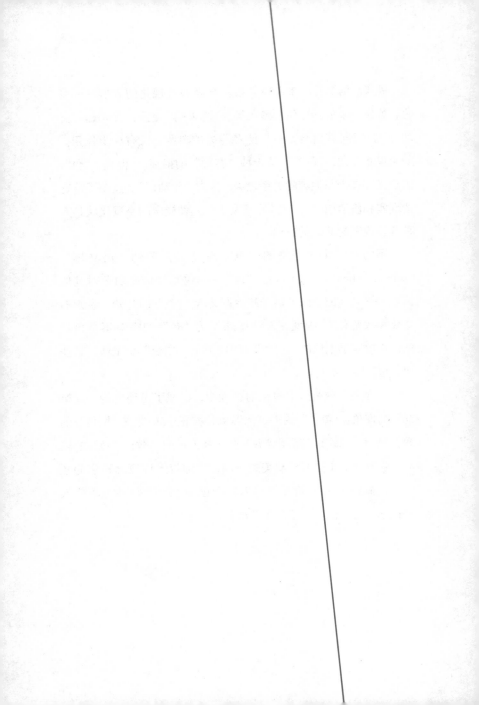

第二章

谱系

福柯（Michel Foucault）的《词与物——人文科学的考古学》（*Les Mots et les choses：une archéologie des sciences humaines*）是以一则古代中国关于动物分类的传说开篇的。据说世上的动物分为若干类："属皇帝所有；有芬芳的香味；驯顺的；乳猪；鳗螈；传说中的；自由走动的狗；包括在目前分类中的；发疯似地烦躁不安的；数不清的；浑身有十分精致的骆驼毛刷的毛；等等；刚刚打破水罐的；远看像苍蝇的"①。这一传说据说是阿根廷作家博尔赫斯（Jorge Luis Borges）从"中国某部百科全书"上抄录的。读罢这段乱七八糟的分类，读者一定会忍俊不禁。但是，福柯转引之不是为了取笑，而是有深刻的寓意的：质疑西方近代人文科学。

西方人文科学产生于 18 世纪末 19 世纪初，福柯认为

---

① [法]福柯：《前言》，《词与物——人文科学的考古学》，莫伟民译，上海：上海三联书店 2001 年版，第 1 页。

"人"是这个时期的"发明"。 就本书的问题意识而言，在18世纪建构的人的形象中，人种分类概念无疑居于显要的位置。其时正当启蒙时代，启蒙思想家一面倡导人与生俱来的平等，一面对人进行差异化叙征，这反衬出启蒙思想的两张面孔。 如果说，支撑前一张面孔的理由大同小异的话，支撑后一张面孔的理由则各不相同，无论是认为人类起源多元的法国的伏尔泰（Voltaire），还是主张人类来自一元的德国的康德（Immanuel Kant），他们均认为不同人种之间存在着根本的先天的差异，留下了令今人皱眉的对有色人种歧视的言论。 英国的洛克（John Locke）可能是少见的例外，但这位反对种族歧视的思想家却是英国贩卖黑奴公司的股东。 可见，启蒙时代政治普遍主义有着挥之不去的人种差异的影子。

一、 西方人种学

18世纪的人种学被称为"科学种族主义"，开启这一人种学的是法国医生、旅行家伯尼埃（François Bernier，1625—1688）。 race（人种、种族）一词在西语中有悠久且复杂的来源，在现代意义上首先使用的是伯尼埃，他认为通过血脉可以区分人身体的不同特征。 伯尼埃担任过印度莫卧儿帝国（Mughal Empire）最后一位皇帝的医生，根据在北非和印度等地游历的直观经验，1684 年发表《根据不同物种和种族对地球的新划分》（Nouvelle Division de la Terre par les différentes Espèces ou races d'homme qui l'habitent）一文，将地球上的人群分为四个种族（race）或物种（espèce）：（1）分布在整个欧洲（除莫斯科一部分）、非洲和亚洲很多地方。埃及、印度等人肤色黑，是曝露在阳光下所致。（2）分布在非洲其他地区的人。肤色黑是由身体结构造成的。（3）散在亚洲东南部、中国、中亚等地的人，是"真正的白人"。（4）拉普兰德人。粗壮丑陋，发育不良。[1]

　　在"科学种族主义"发明者的名单上，瑞典博物学家、生物学家林奈（Carolus Linnaeus，1707—1778）是必须提到的。作为分类学之父，林奈生前收集了大量的动植物标本，初版于1735 年的《自然系统》（Systema Naturae）不断补充新发现的材料，一版再版，在 13 个版本中，林奈一以贯之地认为自然界存在不变的秩序，是理性的能力使人居于自然界的顶端；而通过科学，可以区分文明和野蛮。他在"人形动物科"（Anthropomorpha）中区分了四种不同的智人（Homo sapiens）：欧洲智人、美洲智人、亚洲智人和非洲黑智人。在最有影响力的第 10 版中，用新的"灵长类动物"（Primates）取

---

[1] Bernier, Linnaeus and Maupertuis, *Concepts of Race in the Eighteenth Century*, Vol. 1, with an introduction and editor's note by Robert Bernasconi, Bristol: Thoemmes Press, 2001, pp. 148 - 155.

代"人形动物科",将智人分为四大变种:美洲人、欧洲人、亚洲人以及其他"种"(species)。不同人种有不同的性格,欧洲人处于最高级,具体特征如下:

> 美洲人。红色,胆小,直立。发黑,直且厚。鼻孔宽,面部丑陋,胡须稀。倔强,快乐,自由。身上涂有细密的红线。受习俗约束。
>
> 欧洲人。白色,有血气,肌肉发达。头发飘逸而长。眼睛蓝色。温柔,敏锐,有创造力。穿贴身衣。受法律约束。
>
> 亚洲人。黧黑,忧郁,僵硬。发黑,眼暗。严厉的,傲慢的,贪婪的。穿宽松衣服。被意见支配。
>
> 非洲人。黑色,冷漠,懒散。发黑,卷曲。皮肤光滑。鼻子扁平。嘴唇厚大。女人没有羞耻心;母乳分泌旺盛。狡猾,懒惰,粗心大意。用油脂涂抹身体。被任性支配。[1]

林奈的描述涉及两个方面:一个是人种可视的外部差异,另一个是与前者互为表里的文化差异——习俗、法律、意见、任性等。对于林奈的自然分类系统,同时代的法国博物学家布封(Georges Buffon,1707—1788)颇不以为然,他是"科学

---

[1] Bruce Baum, *The Rise and Fall of the Caucasian Race*: *A Political History of Racial Identity*, New York:New York University Press,2006,pp. 65 - 66.

种族主义"发明者名单上另一个要提到的人物。 与林奈对自然进行抽象分类不同，布封试图从经验的、人类中心的视角解释自然的多样性。 他认为人类不是由彼此不同的物种组成的，相反，最初只有一个物种，在繁殖和扩散后发生了各种变异。 在长达 36 卷的《自然史，一般和特殊》（*Histoire naturelle, générale et particulière*）中，布封列出人种的五个主要变异：生活在北美和亚洲的拉普兰德人、白色的欧洲人、美洲人、非洲人、远东鞑靼人。 他强调非遗传的气候、食物、土壤、地形等环境对人种的影响，认为气候决定人的不同肤色，热是肤色变黑的主要原因。 拉普兰德人的黄褐色皮肤是寒冷作用的结果；炎热的塞内加尔和几内亚有最黑的民族；巴巴里、蒙古、阿拉伯等温和地带男人的皮肤呈棕色。 食物的不同也决定了身体的形态，粗糙、不健康的食物使人类退化。 布封将以欧洲为中心的温带地区的白人视为"最伟大的民族"，其他人种均为蜕变的结果。①

在"科学种族主义"创建的名单上，最重要的人物是德国医生、人类学家布鲁门巴哈（Johann Friedrich Blumenbach，1752—1840）。 1775 年，也即伊曼努尔·康德发表著名的《论

---

① Buffon, editor's note by Robert Bernasconi, *Concepts of Race in the Eighteenth Century*, Vol. 2, Bristol: Thoemmes Press, 2001. Bruce Baum, *The Rise and Fall of the Caucasian Race: A Political History of Racial Identity*, pp. 69 - 70.

人的不同种族》之时①，布鲁门巴哈向哥廷根大学提交了医学博士论文——《论人类的自然种类》（De generis humani varietate nativa）。布鲁门巴哈一生在医学、解剖学、生理学等领域富有成就，但还没有一项比这篇最初仅有15页的博士论文更有影响力。

该论文先后有三个不同版本，1776年修订本是第1版。布鲁门巴哈因袭林奈"人分四种说"，根据收集到的数十个头盖骨，对四种人的地理分布做了细致的描述：第一种人分布在欧洲、恒河流域的亚洲、阿摩尔河以北的国家，还有北美；第二种人在恒河以外和阿摩尔河以南的亚洲及澳大利亚；第三种人在非洲；第四种人在美洲的大部分地区。布鲁门巴哈根据头骨形状、面部结构、皮肤和头发颜色的差异来区分人种，一方面肯定布封的环境影响说，另一方面又强调环境影响说容易形成固定不变的人种观点，因为诸如肤色的黑白并非一成不变的。他特别重视头骨形状的差异，认为头骨比其他特征更有持久性，但又指出根据有限的人骨标本进行分类的危险性。②

在1781年的修订版中，布鲁门巴哈放弃了"人分四种说"，这是因为他从英国植物学家、探险家约瑟夫·班克斯

---

① 康德：《论人的不同种族》（1775年），李秋零主编：《康德著作全集》第2卷，北京：中国人民大学出版社2013年版，第441—456页。

② Johann Blumenbach, "De generis humani varietate native (1776)," *Concepts of Race in the Eighteenth Century*, Vol. 4, with an editor's note by Robert Bernasconi, Thoemmes Press, 2001, pp. 129 - 137.

（Joseph Banks）处得到了新发现的马来人头盖骨。 班克斯1778 年任英国皇家学会会长，直到 1820 年去世。 布鲁门巴哈将马来人头盖骨列入人种划分中，将第四种人细分为包括美洲本土人和太平洋新南方世界之人——包括菲律宾群岛、塔希提岛和新西兰等。 他回顾道：在 1684 年出版的"著者不明"（伯尼埃——引者）的日记中提到过"四人种说"，后有林奈的"四人种说"、戈德史密斯（Oliv Goldsmith）的"六人种说"、埃克斯莱本（Erxlebend）的"六人种说"、康德的"四人种说"、亨特（Io. Hvnter）的"七人种说"，等等①，而根据新的发现，人应该分为五种，五种人的分布地区和身体特征如下：

　　（1）欧洲人。除拉普兰德人外,分布在欧洲、小亚细亚和非洲北部,肤白而容姿绮丽。

　　（2）亚洲人。肤色不甚白、近乎铜色,头发稀疏,北部与南部迥异。

　　（3）非洲人。肤色黑,身材不高,卷发、颧骨突出、鼻矮。

　　（4）美洲人。肌肤呈铜色,体弱而不勇敢。

　　（5）印度南部岛屿和澳大利亚地区人。肤色近黑,有优雅而爱好和平者,有猜疑心甚重之野蛮人。②

---

① Johann Blumenbach, "De generis humani varietate native (1781)," pp. 49 - 50.
② Johann Blumenbach, "De generis humani varietate native (1781)," pp. 51 - 52.

布鲁门巴哈不断扩充所藏标本，他发现以往据以为标准的人骨标本含有因病变而畸形的，应该将其从分类中排除出去。在1795年的第3版中，在肤色之外，他附加了身体尺度、头盖骨的测量（额头的高度、鄂骨的大小和角度、牙齿的排列、眼窝、鼻骨）等，

T. F. Blumenbach.

布鲁门巴哈像

最后确立了"人分五种说"——高加索人种，白色，两颊泛红；蒙古人种，黄色和橄榄色；美洲人种，红色；马来人种，褐色；埃塞俄比亚人种，黑色。①

布鲁门巴哈虽然是人类起源一元论的拥趸，但反对人种歧视，这一点贯穿于《论人类的自然种类》的三个版本中。然而，在启蒙时代，人种话语不仅裹上了"科学"的面罩，还被赋予了"文明""野蛮"的色彩，对人种进行分类本身即预设了高下的等差和文明的优劣。

---

① Johann Blumenbach, "De generis humani varietate native (1795)," pp. 289 - 295.

二、高加索少女

18 世纪的人种学带有欧洲中心和白人至上的取向，"高加索人种"的称呼是典型的一例。

今日业已成为"死语"的"高加索人种"是布鲁门巴哈人种学的标记。 最先使用"高加索人种"的是布鲁门巴哈的同僚、大众哲学家和历史学家克里斯托夫·迈纳斯（Christoph Meiners，1747—1810）。 迈纳斯在 1785 年——布鲁门巴哈《论人类的自然种类》第 2 版和第 3 版问世之间——出版了《人类历史纲要》（*Grundriss der Geschichte der Menschheit*），该书首次使用高加索人种。 在迈纳斯看来，白人勇敢而热爱自由，而黑暗和丑陋的人属性卑鄙，缺乏美德。 欧洲人和其他人之间在性格和文化上的差异是先天的，恰如高加索人种肤白而美、蒙古人种肤黑而丑一样。 德国人是凯尔特人，拥有白色的皮肤、金色的卷发和蓝色的眼睛，从不屈服于其他民族，有取之不尽的发明能力，在艺术和科学上具有无限的天赋。[①] 1795 年，布鲁门巴哈在《论人类的自然种类》第 3 版刊行时，也使

[①] Christoph Meiners，*Grundriss der Geschichte der Menschheit*，Lemgo：Verlage Der Memerſchen Buchhandlung，1785. Bruce Baum，*The Rise and Fall of the Caucasian Race：A Political History of Racial Identity*，pp. 84 - 86.

用了高加索人种这一术语，但与迈纳斯不同的是，布鲁门巴哈对该术语有严格的限定。在他的分类中，高加索人种分布于欧洲和欧亚大陆之间，遍及北非，包括属于印欧语系的印度人，犹太人则被排除在外。正如美国历史学家佩因特（Nell Irvin Painter）在《白人的历史》中所指出的，这种叙述是有语言和政治上的考虑的。①

高加索人种附着了神话的投影。在地理上，高加索位于欧洲东部边缘，是古希腊神话普罗米修斯（Prometheus）因盗火种拯救人类而被锁住的地方。自林奈以来，高加索就频频出现在欧洲人的人种论述中，这不仅因为有基督徒——格鲁吉亚人和亚美尼亚人——世代生息于此，更因为它与《圣经》的传说有关，是诺亚方舟（Noah's ark）的着陆之地。布鲁门巴哈注意到1686年法国旅行家约翰·夏尔丹（John Chardin）关于高加索地区的见闻，这位爵士说亚美尼亚人、格鲁吉亚人和波斯人均声称诺亚本人曾在这片土地上生活过。德国地理学家齐默曼（E. A. W. Zimmermann）和布鲁门巴哈、迈纳斯一样，也吸收了康德关于人种的看法，将人类起源设定在高加索一带。布鲁门巴哈提到的英国作家、人类起源多元论主张者戈德史密斯也将高加索人种视为其"人分六种"中最优秀的。② 此外，

① Nell Irvin Painter, *The History of White People*, New York: W. W. Norton & Company, 2010, p. 81.
② Bruce Baum, *The Rise and Fall of the Caucasian Race: A Political History of Racial Identity*, pp. 82 - 83.

布封虽然质疑《圣经》的年代学，但将高加索的格鲁吉亚和切尔卡西亚列入文明之列，认为那里有最英俊的人。而几乎没有离开过格尼斯堡（KöConigsberg）的康德在1763年发表的《论优美感和崇高感》中认为"美感"是普遍的，不存在因文化不同而标准不同，他赞美高加索一带的白人，蔑视黑人、阿拉伯人、波斯人、土耳其人、印度人以及中国人。① 可见，布鲁门巴哈选择"高加索人种"作为指称白种人的术语，是18世纪众多欧洲学人一致的看法，也显示出他试图把人种"科学"和《圣经》"神话"整合在一起的期望。

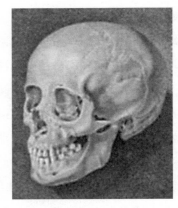

格鲁吉亚少女头颅骨

如果说，林奈、布封等以拥有大量动植物标本而自傲的话，那么布鲁门巴哈可以拥有大量来自世界各地的头颅骨而自满，今日哥廷根大学保存的245具完整的骷髅、骨片以及2具木乃伊都和布鲁门巴哈有关。布鲁门巴哈收集的1个格鲁吉亚少女的头颅骨匀称而端正，常为后人所援。② 这个头颅骨得自俄罗斯人格奥尔格·阿什男

---

① [德]伊曼努尔·康德：《论优美感和崇高感》，何兆武译，北京：商务印书馆2001年版。

② Johann Blumenbach，"De generis humani varietate native（1795），"p. 269.

爵（Georgs Asch，1729—1807）。 阿什男爵的双亲是来自德国的移民，其本人生于圣彼得堡，毕业于哥廷根大学。 在担任俄罗斯陆军军医的同时，阿什领导着圣彼得堡和莫斯科的俄罗斯学会。 他利用这种双重身份，在沙皇叶卡捷琳娜二世（Екатерина Ⅱ Алексеевна，1729—1796）对外扩张过程中，不断收集各地的头颅骨标本，捐赠给母校哥廷根大学。 1793年，沙皇在征服高加索的战争中打败了奥斯曼帝国，稍后阿什将得到的格鲁吉亚少女的头颅骨寄赠给布鲁门巴哈，随信注明：此人被俄罗斯军队带到莫斯科，死于性病。

三、 蒙古种的隐喻

如果说白色的高加索人种的命名揭示了人种"科学"背后的"神话"投影的话，那么蒙古人种的命名则有挥之不去的"历史"的投影。

13 世纪蒙古的铁骑打通了欧亚东西交通。 在东来的马可·波罗（Marco Polo）笔下，不仅蒙古大王是白色的，而且连他一心想去而未能去成的"黄金国"——日本列岛——的人也是白色的，这种对中国大地上的人群的"白色"认知基于可视的经验观察和比较，在后来的欧洲人的笔下不断被重复，一直延续到大航海时代。

1513 年，名叫乔治·欧维士（Jorge Álvares）的葡萄牙探险家抵达广州，他是第一个来到中国的葡萄牙人。 1546 年，另一个同名的葡萄牙船长豪尔赫·阿尔瓦雷斯（Jorge Álvares）的商船在离开日本西南的鹿儿岛时偷载了一个日本人，这人名叫弥次郎（约 1511—1550），是个杀人越货的海盗。 葡萄牙船长在抵达马六甲后，将弥次郎交给了耶稣会士沙勿略（St. Francois Xavier，1506—1552）。[1] 1549 年 8 月，成为天主教徒的弥次郎引领沙勿略回到了鹿儿岛，开启了天主教在日本的传教历史。[2] 沙勿略对于日本及日本人有很多细致的观察，与马可波罗的想象不同，他目睹了日本人的特征：很白，讲究礼仪。[3]

在日本开启天主教传播的历史后，沙勿略燃起了去中国传教的愿望，但直到死于广东附近的上川岛也未能如愿。 沙勿略的期望为后继者所实现。 与沙勿略在日本的感受一样，在欧洲传教士和商人笔下，中国人的肤色主要是白色。 1585 年，西班牙人门多萨（Juan González de Mendoza，1545—1618）受教

---

[1] 松田毅一監訳『十六・七世紀イエズス会日本報告集』第 III 期第 1 巻（1549—1561）、同朋舍、1997 年、第 11‐15 頁。

[2] 沙勿略离开日本后，弥次郎重新开始海盗生涯，在中国沿海被杀。 岸野久『サビエルの同伴者アンジロー——戦国時代の国際人』、吉川弘文館、2001 年、第 191‐197 頁。

[3] N ゲイリー・P・ループ「一五四三年から一八六八年の日本における異人種間関係について」、脇田晴子、S・B・ハンレー（Susan B. Hanley）編『ジェンダーの日本史（上）——宗教と民俗 身体と性愛』、東京大学出版会、1994 年。

皇之命撰写的《中华大帝国史》出版，是一部关于中国的百科全书，被译为多种欧洲文字。 关于中国人的肤色，《中华大帝国史》描述道："在广州和那一带海岸出生的人是褐色，象非斯城（Fez）或巴巴利（Barbarye）人，因为整个该地区处于已知的巴巴利的纬线上。 内地多数省份的人是白色人，一些比另一些更白，因为更接近寒冷地区。 有的人象西班牙人，另一些更黄，象德国人，黄红色。"①在中国天主教历史上留下重要印记的范礼安（Alessandro Valignano，1538—1606）将中国人和日本人并视为"白人"（gente Bianca）。② 著名耶稣会士利玛窦（Matteo Ricci，1552—1610）在回忆录《基督教和耶稣会进入中国》中写道："中国人色白，除去南方省份的一些人因身处或靠近热带而色暗。"③

在 18 世纪的人种学里，包括康德在内，谈到"黄色"，一般指的是印度某地人。 白色的中国人及日本人何以变成了后来自他都认可的黄色的呢？ 关于这个问题，较早试图予以解答的是瓦尔特·戴默尔（Walter Demel）④，而集大成者是奇迈可

---

① ［西班牙］门多萨：《中华大帝国史》，何高济译，北京：中华书局1998年版，第7页。
② Andrew C. Ross，*A Vision Betrayed*，*The Jesuits in Japan and China*，*1542 - 1742*，New York：Orbis Books，1994，p. 42.
③ *Fonti Ricciane：documenti originali concernenti Matteo Ricci e la storia delle prime relazioni tra l'Europa e la Cina*，*1579 - 1615*，edite e commentate da Pasquale M. D'Elia（Roma，1942 - 1949），Vol. 1，p. 88.
④ Walter Demel，"How the Chinese Became Yellow：A Contribution to the Early History of Race Theories，" Bettina Brandt and Daniel Leonhard Purdy，eds.，*China in the German Enlightenment*，Toronto ：University of Toronto Press，2016，pp. 20 - 59.

（Michael Keevak）的《成为黄种人》（*Becoming Yellow*）。概而言之，1684 年伯尼埃称东亚人为白色人，黄种人指的是印度人中的一种。1735 年林奈《自然系统》第一次将亚洲人与黄色联系起来，第 1 版的肤色为暗色（fuscus），第 10 版是浅黄色和苍白色（luridus）。在布鲁门巴哈的人种分类学中，肤色不是决定性的要素，亚洲人近乎"铜色"，只是肤白不及欧洲人而已。但是，在 1795 年第 3 版《论人类的自然种类》中出现了"黄种人"（gilvus），同时也出现了"蒙古性"（mongolianness）。对于这一叙述变化，奇迈可认为："'黄种人'或'蒙古人种'的概念强化了亚洲是危险的、有威胁性的观念，这一术语正逐渐与一系列世界范围的关于入侵的文化记忆联系在一起：阿提拉、成吉思汗、帖木儿，他们都被贴上了'蒙古人'的标签。"①笔者原则上同意这一看法，但有必要补充说明的是，和高加索人种一样，蒙古人种也出现在迈纳斯的《人类历史纲要》中，书中迈纳斯言及 13 世纪蒙古人铁骑的破坏行为②，布鲁门巴哈使用蒙古人种一语无疑也有"历史"的投影。19 世纪初，法国人类学家居维叶（Georges Cuvier）在介绍高加索人种后写道："他们的祖先曾在阿提拉、成吉思汗和

---

① ［美］奇迈可：《成为黄种人——亚洲种族思维简史》，方笑天译，杭州：浙江人民出版社 2016 年版，第 8 页。

② Christoph Meiners, *Grundriss der Geschichte der Menschheit*, Lemgo: Verlage Der Memer ſ chen Buchhandlung, 1785, S. 13.

帖木儿的统治之下，这三个人的名字带有恐怖色彩。"[1]但是，既然黄色的蒙古人种在文明-野蛮的等级序列中"劣"于白色的高加索人种，又怎能构成对白色的高加索人种的威胁呢？因此，19世纪后半叶在欧洲逐渐滋长的"危险的、有威胁性的观念"是需要"媒介"的，此即本书第六章将要考察的"黄祸论"。至于中国人到底是何时接受"黄色"这一人种符号的，也是需要进一步考察的。

---

[1] Georges Cuvier, *Le règne animal distribué d'après son organisation*, tome 1, Paris : Deterville, 1817, pp. 97 - 98.

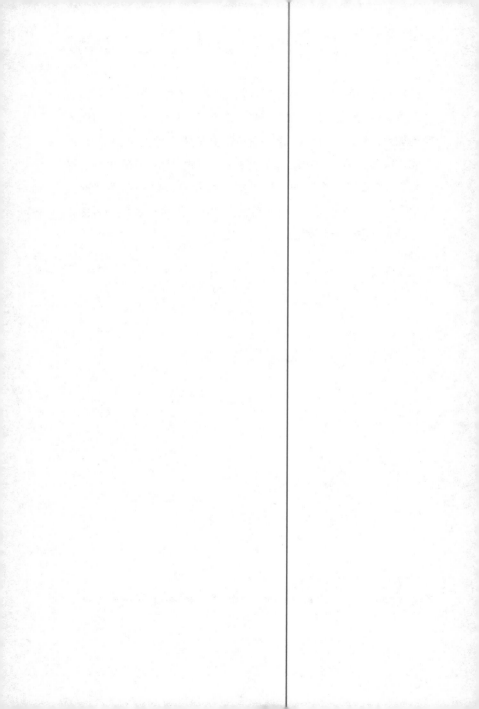

第三章

东
渐

在人种学上著述颇丰的康德认为，地理学是"世界知识的入门"。① 确实，在16—17世纪大航海时代带来的"入门"知识基础上，18世纪欧洲人获取了康德所说的包括人的知识在内的另一部分世界知识，进而建构了一套认知世界的体系：欧洲对非欧洲、自明的自我与非自明的他者。 19世纪，裹着"科学"外套的人种知识断断续续地传到欧洲以外的亚洲——中国和日本。

一、 钱伯斯《人种志》

欧洲的人种知识是如何传到亚洲的？ 依据的底本为何？

---

① ［德］康德：《自然地理学》，李秋零主编：《康德著作全集》第9卷，北京：中国人民大学出版社2010年版，第158页。

从后文的叙述中可知，译介到中国和日本的人种知识并非直接出自林奈、布封、布鲁门巴哈等人的著述，而几乎均来自欧美的通俗读物——中小学地理教科书、百科知识等。如果比较一下同时代中国和日本对人种知识的接受史的话，除去彼此之间的知识往还外，均受到一个文本的影响，这就是钱伯斯兄弟编辑的《人种志》（*Chambers's Information for the People*）。

讲到钱伯斯，一般指的是罗伯特·钱伯斯（Robert Chambers，1802—1871），生物学家，演化论思想家。罗伯特有个弟弟叫威廉·钱伯斯。兄弟俩生来手脚为六指趾，这使得他们对身体的自然变异非常感兴趣，钱伯斯匿名撰写《自然创世史上的遗迹》（*Vestiges of the Natural History of Creation*），叙述宇宙和生命的演化，书中强调上帝创造的第一因作用，但言及自然规律第二因的决定性影响。此书出版后反响甚大，钱伯斯去世多年后（1884）出版社才遵照其遗嘱用真名予以出版。[①] 钱伯斯兄弟合伙开设了一家以兄弟俩名字命名的出版社，一个专司编写，一个负责出版，1830年前后在出版界声名鹊起，兄弟俩着手编辑百科类书籍。

《人种志》有若干版本。第一版刊于1835年，关于人种的叙述，从诺亚方舟到人种分类，均有涉及。但是，在介绍布鲁门巴哈"人分五种说"时，作者质疑人种分类的科学性："这

---

① Britannica, The Editors of Encyclopaedia. "Robert Chambers". *Encyclopedia Britannica*, 6 Jul. 2021, https://www.britannica.com/biography/Robert-Chambers. Accessed 24 February 2022.

种划分和其他所有的划分都非常随意，我们很怀疑它们是否应该被接受。"①1842 年，《人种志》新版刊行，篇幅增大，改变了 1835 年版非常个性化的叙述，详细介绍了既有的常识化的人种知识。 提到人种分类多至马尔特·布戎（Malte-Brun）的十六种，少到五种，甚至还有三种，认为最流行的是布鲁门巴哈的五种说。 1842 年，恰当鸦片战争结束，中英《南京条约》的签订标志着中国历史进入了新的阶段，人种知识也作为"西学"传入中国。 以下，对 1842 年版《人种志》略作介绍。②

《人种志》在关于全球人口和种族的条目里，对人分五种说详加介绍。 首先用很大篇幅介绍了高加索人种，内容分为头部特征、族群来源与迁徙、日耳曼现代文明等。 高加索人种的特点是：美貌与智慧，肤色白皙，但也有其他颜色，甚至是黑色。 头发细长卷曲。 颅骨呈圆形或椭圆形。 浓眉。 脸部椭圆，比例匀称。 鼻为拱形，下巴饱满，牙齿垂直。 高加索人种源自人类的诞生地——黑海和里海之间的高加索山脉，有日耳曼人、凯尔特人、阿拉伯人、利比亚人、尼罗克人等。 在语言上，可以从梵文、希腊文、拉丁文和德文的词根上找到同源。 高加索人种在向其他地区迁徙的过程中所向披靡，展示了

---

① "Hsitory of Mankind," in *Chambers's Information for the People*, ed., William Chambers and Robert Chambers, Edinburgh: W. and R. Chambers, 1835, p. 20.

② "Physical Hsitory of Man," in *Chambers's Information for the People*, ed., William Chambers and Robert Chambers, Edinburgh: W. and R. Chambers, 1842, pp. 49 - 64.

人种的优势。 这种优势不仅体现在自然的体质上，还表现在文明上。 高加索人种创造的文明上起埃及文明和印度文明，下至现代工业文明。 作者特别强调日耳曼人在现代政治制度、文化以及技术——印刷术、指南针、蒸汽机、火药和时间测量仪——发明上的重要地位，暗指裔出日耳曼的英国人的作用。

《人种志》对其他四个人种的介绍所用篇幅加起来比高加索人种部分都要少很多。 第二个介绍的是蒙古人种，涉及鞑靼人、土耳其人、中国人、印度支那人和北极圈人等，居住地覆盖亚洲大部分、格陵兰岛和欧洲北部一小部分。 蒙古人种身体特征差异很大，皮肤通常呈黝黑色或橄榄色，在某些情况下接近黄色；发黑长直；胡须少；瞳孔黑，鼻子宽而短，颧骨宽而突；头骨长方形，两侧肥大，额头低。 在智力方面，蒙古人种模仿能力比发明能力突出，因而很容易训练。 在文学和艺术方面，达到了相当高的水准，但道德品质偏低。 突厥人和蒙古鞑靼部落曾是伟大的征服者，时常战胜高加索人种，后被击退。蒙古人种屈服于自然法则。

第三种是埃塞俄比亚人种。 肤色漆黑，发黑呈羊毛状，眼大突出，鼻子宽平，嘴唇宽厚，头长而窄，额低，颧骨突出，下巴突且小。 埃塞俄比亚人种居住在非洲、澳大利亚及印度洋和太平洋的岛屿。 随和、懒散、开朗，彼此之间差异很大。埃塞俄比亚人种没有表现出发明的才能，有些人有不俗的天赋，在政治和战争方面颇有能力，如能得到适当的教导，其智力尚可提高。

第四种是美洲人种。 美洲人种最初分布在北纬60°以南几乎整个美洲，由于高加索人种的殖民，居住地缩小了。 肤色红棕，黑长发，无须，眼深邃，眉毛后退，颧骨高耸，水线型鼻子，头骨小，头顶高而后部大，嘴唇瘤状，身高适中。 美洲人种不是从其他人类家族中偶然分离出来的，是一个本土的原始族群，是被造物主丢弃在黑暗中的神秘存在。 美洲人种正趋向于灭绝。

第五种是马来人种。 黄褐色或深褐色的皮肤，粗黑的头发，嘴大，鼻短而宽，脸肥大，上颚前突，牙齿突出。 头骨高，呈方形或圆形，额低而宽。 马来人种品德低劣，与黑种人和红种印地安人有很大区别，天性活跃，聪明，喜欢航海，居住在婆罗洲、爪哇、苏门答腊、菲利普群岛、新西兰、马达加斯加以及波利尼西亚群岛。 马来人种很可能被一个优良品种所灭绝。

《人种志》关于五种人特征的描述直接或间接地影响了中国和日本的人种书写。 饶有意味的是，对于蒙古人种的肤色，《人种志》给出了三个不同的色调：黝黑色或暗黄色（橄榄色），只有在特殊情况下才会接近"黄色"。 蒙古人种（中国人和日本人）即使被布鲁门巴哈视为"黄色"，在大英帝国的人种知识传播中亦非一开始就是"黄色"的。

二、 地理学的叙述

澳门出生的葡萄牙人玛吉士（José Martinho Marques，1810—?）所著《新释地理备考全书》（1847）较早从地理学角度介绍"人分五种说"。 他认为，在大航海之前，人们对地球上的动植物和人类所知有限，仅知道欧洲、亚洲和非洲。 哥伦布"寻出新域之后"（1492），始知有美洲，后又增加大洋洲（Oceania），从此地球被划分为五大洲。 在这五大洲中，"千亿之众，分为五种，或白，或紫，或黄，或青，或黑，有五色之分"。 玛吉士虽然将人种颜色分为五种，但在地理的配置上却与布鲁门巴哈不尽相同。 他认为白人居住在欧洲和亚洲"东西二方"，亚洲的"东方"意味着中国人和日本人也被包含在白种人之列。 相反，被布鲁门巴哈视为白种的印度人、棕色的马来人（亚洲"南方"之人），则都被归入红色的美洲人（"南方之人"）。 玛吉士虽然介绍了"人分五种说"，但相关认识还很模糊，记述混乱。 在他看来，世界上的人分为"下中上三等"。"夫下者，则字莫识，书莫诵，笔墨学问全弗透达，所习所务止有渔猎而已矣。""夫中者，既习文字，复定法制，遂出于下等，始立国家，而其见闻仍为浅圉，更无次序也。""夫上者，则攻习学问，培养其才，操练六艺，加利其用，修道立德，义理以成，经典法度靡不以序。"人的等差不是先天决定的，与后天的学习、训练有关。① 由上可见，玛吉士的人种叙述加入了自己的观察和判断。

《新释地理备考全书》和徐继畬《瀛寰志略》（1844）出版时间相近，两相比较，玛吉士尽管叙述混乱，但完整地呈现了"人分五种说"；徐继畬虽然介绍了西方地理学知识，但对人种分类不甚感兴趣，基本停留在传统的"野蛮人"的描述上。 在这一点上，魏源的《海国图志》也是如此。

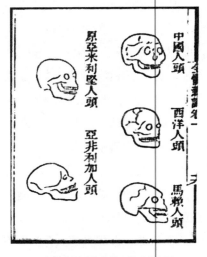

《全体新论》中之"五种人"头骨

① 玛吉士辑译：《地球总论》，《新释地理备考全书》第 4 卷，台北：艺文印书馆 1967 年版，第 2—3 页。

在香港行医的合信（Benjamin Hobson，1816—1873）是钱伯斯《博物新编》（*Chambers's Introduction to the Sciences*）的编译者，该书和合信撰述的《全体新论》（1851）在中日两国均有很大影响。《全体新论》是第一本中文解剖学著作，书中有两处提到和人种分类有关的知识。第一卷介绍人体的全身骨骼后，附有一幅"五种人"头骨（见上页图）。① 五个头颅骨中，"西洋人头"很像布鲁门巴哈所激赏的美丽的格鲁吉亚少女头颅骨，但没有把西洋人头称为高加索人种。合信认为人是上帝"造化"的产物："原始造化，撮土为人，命曰亚当。取亚当一肋，附之以肉，又成一女，赋之以明灵之性，予之以生育之权，使相配合，是为人类之祖。"②而如果与三千年前人的骸骨比较，可知人的相貌在不断变化，骨骼基本不变："人面各有不同，人骨固无不同也。"根据不变的人头骨骼，他写道：

> 天下分为四洲，人分五等。欧罗巴洲人，面长圆，皮色白，鼻高颊红，发有数色。亚细亚洲人，须发黑直，颧凸鼻扁，面色赤，眼长斜。亚非利加洲人，皮黑如漆，发卷如羊毛，头骨厚窄，唇大口阔，鼻准耸，下颌凸。米利加洲土人，皮肤红铜色，发黑硬而疏，额阔，眼窝深。吗唎海洲人，皮棕色，发黑密。③

---

① 合信：《全体新论》第1卷，台北：艺文印书馆1967年版，第16页。
② 合信：《造化论》，《全体新论》第10卷，第14页。
③ 合信：《造化论》，《全体新论》第10卷，第15页。

这里描述了欧罗巴洲人、亚细亚洲人、亚非利加洲人、米利加洲人和吗唎海洲人（马来人）的人体特征。合信把亚洲人说成"色赤"，结合玛吉士关于亚洲人"色白"的描述，可以说早期传递人种知识的欧洲人对中国人为"黄色"的说法并不认同。

合信是从医学角度描述人体差异的，明确否定了人的相貌与智慧之间的关系："人之外貌如此不同，致若脏腑功用，众血运行，无少差异。吁伊谁之力欤？奈何受造蒙恩者而竟未之思也。"①

1855 年 3 月，在中国香港发行的《遐迩贯珍》刊载了一篇题为《人类五种小论》的文章。该文在泛论欧洲、亚洲、非洲、美洲和南洋诸岛的人群后，认为人的形体和天性原本若合符节，是水土作用致使容貌和肤色发生了变化："是故西方博士，详察人民，以其同者合之，不同者分之，因分为白、黄、黑、玄、铜五种人之说。"②文章详细地介绍了"人分五种说"，没有突出白人在人种上的优越性。《遐迩贯珍》同年 9 月号刊登的《续地理撮要》道出了这一描述背后的原因："（五大洲人类）分白、黄、黑、玄、铜五种，而实皆为上帝一家之弟兄。"③

---

① 合信：《造化论》，《全体新论》第 10 卷，第 15—16 页。
② 《遐迩贯珍》（香港英华书院）1855 年 3 月，第 3 号，第 7—8 页。松浦章、内田庆市、沈国威编著：《遐迩贯珍》（附解题、索引），上海：上海辞书出版社 2005 年版，第 558—559 页。
③ 《遐迩贯珍》1855 年 9 月，第 9 号，第 8 页。松浦章、内田庆市、沈国威编著：《遐迩贯珍》，第 482 页。

1858 年，在上海发行的《六合丛谈》刊载了英国传教士慕
维廉（William Muirhead, 1819—1884）的《地理·动植二物分
界》，文章内容虽不如《人类五种小论》详细，但使用了布鲁门
巴哈的语言来叙述人种：

> 近时地理家分人为五大类：一高加索类，在亚细亚者，
> 为土耳其、亚喇伯、波斯、西域数部、阿富汗、印度，在阿非利
> 加者，为埃及、阿比西尼，而欧罗巴则统洲皆是也；二蒙古
> 类，散居中亚西亚、中华、日本、缅甸、安南、暹罗、日南，或云
> 厄斯几毛亦蒙古类也；三阿墨利加类，南北两阿墨利加之土
> 民是也；四古实类，居阿非利加，除埃及、阿比西尼及北边诸
> 小国之外，皆是也；五无来由类，统无来由地及南海群岛，皆
> 是也。①

"高加索类"、"蒙古类"、"阿墨利加类"（美洲种）、"古
实类"（埃塞俄比亚种）、"无来由类"（马来亚种）分别对应于
白色、黄色、红色、黑色和棕色等五种人。 对于人的肤色，慕
维廉并不感兴趣。 和《人类五种小论》的作者一样，他似乎并
不赞成人种分类说，他这样写道：

----

① 慕维廉：《地理·动植二物分界》，《六合丛谈》咸丰戊午（1858）五月，江苏松
  江上海墨海书馆印，第 2 卷第 2 号，第 6 页。 沈国威编著：《六合丛谈》，上
  海：上海辞书出版社 2006 年版，第 755 页。

人本于一祖，而格致家察其性情形状，分为数类，地理家又考其言语及行事，分各类为若干支派，又分若干支派为若干种，分各种为若干部落，分若干部落为若干族。然凡人移居异地，数世后则言语形状俱变，故据此分类，无是理也。①

在他看来，人随环境而变，根据语言和相貌所进行的分类"无是理也"。 但是，慕维廉又写道："此说人多信之，或云其中或有类，无几时当衰灭，以其地让智慧之族，乃天地万物消长之理也。"②地理学家将人分为：类—支派—种—部落—族，其中"某一类"可能会被"某一族"灭绝，似乎暗示属于"高加索类"的欧洲人对其他"类"的征服。 慕维廉隐约触及人种竞争问题，而人种的竞争可以置换为地理学上的竞争。

三、 格致学的叙述

19 世纪 70 年代，伴随洋务运动的展开，继从地理学和解剖学角度介绍人种知识之后，出现了从格致学即科学角度介绍

---

① 慕维廉：《地理·动植二物分界》，第 5—6 页。 沈国威编著：《六合丛谈》，第 754—755 页。

② 慕维廉：《地理·动植二物分界》，第 6 页。 沈国威编著：《六合丛谈》，第 755 页。

人种知识的取向。 人种格致学凸显了"科学种族主义"的差异原理。

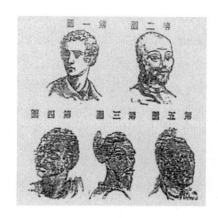

1876 年《格致汇编》中之"人分五种"图

1876 年，热心传播西学的英国传教士傅兰雅（John Fryer，1839—1928）创办了《格致汇编》，这是中国第一本以传播科学知识为宗旨的杂志。 第一年冬季卷刊载了一篇题为《格致略论·论人类性情与源流》的文章，文中有一段介绍"人分五种"的图文，图见上，文如下：

> 动物门中，人为最贵，较诸他物，识见尤高，故曰人为万物之灵也。且于见识之外，另具是非之心，有辨善恶之性，兼能言语工作，考求事理，故特别之曰人。但各国之人有不同处，约略言之，可分五类：一为高加索类，如第一图，其人皮肤色白，形体俏丽，须髯盛而识见广，身躯壮而性情勤，居

于欧罗巴及亚细亚西偏,并阿非利加北鄙与亚美利加及新金山等处。二为蒙古类,如第二图,其人肤赭发黑,须鬓稀疏,识见性情与身体之强壮,视高加索类为略次,居于中国……高丽、日本等处。三为马来类,如第三图,其人皮肤棕色,发黑而粗,知识性情与身体之强壮,视前两类为又次,居于马来与越南、暹罗、加拉巴等处。四为黑番类,如第四图,其人皮肤黑色,面目粗黧,见识甚浅,毛发黑而短而拳,若羔皮,大半居于阿非利加,又为西人带至亚美利加者甚多。五为红番类,如第五图,即亚美利加之土著,其人皮色如铜,居无定处,以游猎等为业,俗无文教。①

这段文字不仅描述了不同"类"的特点,还作出了高下的判断:(1)高加索类,肤色白,形体俏丽,识见广,身躯壮而性情勤。(2)蒙古类,肤色赭,识见性情与身体,较高加索类略次。(3)马来类,肤色棕,知识性情与身体,较前两类又次。(4)黑番类,肤色黑,见识甚浅。(5)红番类,肤色如铜,俗无文教。 这段文字之前讲述的是动植物,之后谈的是人的身体和灵性。 紧接着又称:"高加索类之人,最讲究格致之事与各种学问,每易一代,则较前代更有进益。 其余四类,学问与格致之事,久不追究,而进益之处亦少。"这和上文"见识甚浅"

---

① 《格致略论·论人类性情与源流》,见《格致汇编》第一年,光绪二年(1876)冬季。《格致汇编》第1册,南京:南京古旧书店1992年版,第275页。

（黑人）、"俗无文教"（红人）在语气上很不协调。据译者称，该文"自英国《幼学格致》中译出，此书共有三百款，以后于每卷陆续印之"。① 《幼学格致》即钱伯斯所编 *Chambers's Educational Course*，《格致略论》译自 "*Introduction to the Sciences*"，原文如何呢？摘抄如下：

Man has been described in the preceding section as forming a special order in the range of animated beings. He is distinguished from all others by a great superiority in intelligence, and by his possessing a moral nature. He is not, however, in every country the same creature. Europe, the western part of Asia, and the north of Africa, have been possessed, since the dawn of authentic history, by a white-skinned race, the highest in intelligence, and the most elegant in form, named the Caucasian variety, as being supposed to have originated among the mountains of Caucasus, between the Black and Caspian Seas. The remainder of Asia has been at the same time occupied by an olive-coloured race, of less intelligence and vigour of character, named the Mongolian variety, from Mongolia, a

① 《格致略论·论万物之宽广》，载《格致汇编》第一年，光绪二年（1876）春季。《格致汇编》第1册，第5页。

country to the north of China. A third race, of black skin, coarse features, and small intelligence, have inhabited the greater part of Africa; they are denominated the Negro or Ethiopian variety. In America, when it was discovered nearly four hundred years ago, a fourth race of a copper colour, and of great intelligence, was found in a generally barbarous condition.

The white-skinned variety are remarkable for their cultivation of letters and science, and as the only race amongst which any considerable progress is made in intelligence from age to age. [1]

比较中译文和英文原文可知，译者在翻译中添加了地名、国名和人种身体特征等内容，其中的最大改动是增加了原文中没有的"马来人"，将原文中人分四种改作五种。 显然，除了"Introduction to the Sciences"外，译者应该还参考了其他文本。 而更有意味的是，蒙古种的肤色在中文中称为"赭"——

---

[1] William R. Chambers, "Introduction to the Sciences," *Chambers's Educational Course*, Edinburgh: W. & R. Chambers, 1876, p. 105. 该书还有其他版本，如 1837 年版的叙述（William R. Chambers, "Introduction to the Sciences Chambers," *Chambers's Educational Course*, Edinburgh: W. & R. Chambers, 1837, pp. 81-84）完全不同于 1876 年版。 1876 年版与后文提到的 1869 年日文版相似。 尚不清楚《格致略论·论人类性情与源流》的作者参考了该书的何种版本。

红色，英文为橄榄色（olive-coloured race）——暗黄色，与此前
西人从地理学和解剖学介绍人种一样，作者从格致学介绍人种
亦非照本宣科地将蒙古种皆视为"黄色"。

在关于美洲印第安人（"红番类"）之后还有一段话："此
类为古人所未知者，略四百年前查得亚美利加之后，方知有此
类人也。近来大半迸诸境外，任其猖獗，而所余者亦蛮憨梗
化，无法以教之。"①这也是译者添加的。这段话还出现在 16
年后《格致汇编》刊登的《人分五类说》（1892）一文中②。据
此可以推断，两篇文章出自同一人，很可能就是慕维廉。但
是，两篇文章的风格完全不同，如果说前者是编译的话，后者
则是针对中国人改写的。

首先，《人分五类说》的作者有意识地改动了五种人的排
序，具体而言，置换了高加索人种和蒙古人种的位置，蒙古人
种的头像也不同于以往的头颅骨，是一个满人打扮的男子素
描。其次，在介绍五种人时，对于高加索人种和蒙古人种，强
调的不是人体上的自然差异，而是文化上的不同。该文没有歧
视蒙古人种（中国人）的字样，奇怪的是，却被一些研究者当
作人种歧视的范文来阅读。让我们来看看具体内容：

---

① 《格致略论·论人类性情与源流》，见《格致汇编》第一年，光绪二年（1876）
冬季。《格致汇编》第 1 册，第 275 页。
② 《人分五类说》，见《格致汇编》第七年，光绪十八年（1892）秋季。《格致汇
编》第 6 册，第 227—230 页。

蒙古人种亦名黄人，略如第一图。

在描述完蒙古人种的相貌特征后，文章写道："心性沉静，才智灵敏，教化古远，习尚文明，喜守成规，拘泥旧见，不甚翻新立奇，别裁花样。惟性敏易学，见人新益之法，每每依样葫芦，故各种文学极易兴于此类人中，技艺精致，不殚辛劳，文教畅明，古为灵敏之最，纲常伦理亦为诸国之冠。惟好恶之性，是非之心，尚未十分精警。文弱之态，积习之气，犹未速加开通。此就大概常人而言，非尽皆如是也。"与汉人尚文相对，蒙古族人和满族人尚武："秉性刚强，习尚武事，由东而西，屡著战功，大拓疆域，以人无恒心未能久守所据之地。"

高加索人种即白人，如第二图。

在描述完高加索人种的相貌特征后，文章刻画出其与蒙古人种相对应的另一文化特性："顶圆颧高，身躯高壮，肢体勤敏，性情活泼，心思缜密，好恶分明，是非果断。喜新好奇，时欲别出心裁，竞异斗巧，不肯袭人旧套。善于运思，精于制器，金木之工，巧慧绝伦。运用水火，

备极奇妙，造作舟车，更为精良。才能既高，敏慧超群，文学、政治、物理靡弗尽心讲习，格致技艺，代有进益，贸易通商，善权子母。"高加索人种在心情、智慧、德性等方面样样出众。

阿非利加人亦曰黑人，如第三图。

对黑人的介绍，有"面目粗陋"、"性情蠢昧，识见浅隘"，被贩往美洲为奴，"不啻牛马"等语。非洲南部人，外貌稍有不同，如第四图。

亚美利加土人亦曰红人，如第五图。

美洲土著肤色红棕，"体段中等，甚壮而野，孔武有力，文教最难化之。喜游猎生食，居无定处"。土著经历了被白人驱

赶的历史。

马来人亦曰棕色人，如第六图。

肌肤棕黄或暗棕色的马来人，"善恶不明，好恶偏执"。"文学不多，才干颇有，变动无常，喜新好奇"。

比较上述关于五种人的描述可知，文章虽然名为《人分五类说》，所用篇幅是不对等的，黑色、红色和棕色人完全处于陪衬位置，且对其描述充满贬抑之词。在黄人（实则"赭"色）和白人的对比中，蒙古人种代表过去，高加索人种代表未来；前者内向而保守，后者开放而好动。作者之所以这样对比，似在敦促中国人向西方学习："人之为人，总属一类，不能截分，蒙古人未尝无圆额广颡、聪明绝世者，高加索人亦非尽貌扬相美、颖悟超群者。人肯上进，何类非人；人甘暴弃，人亦非人。"

从 19 世纪 40 年代到 90 年代初，来华西人断断续续地将人种知识介绍到中国，在中文世界里出现了作为"西学"的人种知识。但是，相关内容几乎不为晚清知识人所知，一般人对人种的认知尚停留在朴素的华夷、华洋之辨上，这种情况发生改变是在 1895 年中日甲午战争之后。

第四章

差序

1868 年开启的明治维新翻开了日本历史的新篇章——文明开化。其实，早在江户时代末期，继长崎而来的"兰学"后，传自中国的"西学"已使得日本知识人觉察到别样的外部世界。田原藩藩士渡边华山（1793—1841）在《外国事情书》中写道："古代的夷狄在古代，今日的夷狄在今日，不能以古代的夷狄来对待今日的夷狄。"①文章既征引了中国汉籍地理志、耶稣会士的著作和"兰学"著作，还提到了新教传教士的著作，其中有被译为"莫利宋"的马礼逊的《英华字典》。在《慎机论》（1838）中，渡边论及欧洲、美洲、非洲、澳大利亚洲和亚洲，认为欧洲诸国"政治之浊清，风俗之美劣，人物

---

① 「外国事情書」、佐藤昌介、植手通有、山口宗之『渡辺崋山、高野長英、佐久間象山、横井小楠、橋本左内』（日本思想大系 55）、岩波書店、1971 年、第19 頁。

之贤否，虽各不相一，大抵依人之性情，以一国之法治理"。
对于不同人种，这样写道：

> 地球上人分四种，为鞑靼种（タルタリ）、埃塞俄比亚种
> （エチヲヒヤ）、蒙古种（モンゴル）和高加索种（カウカス）。
> 另，リヒウス（音 rihiusu——引者）将人分为七种，认为诸种
> 以鞑靼、高加索为最。西洋人属高加索种，吾国人系鞑
> 靼种。①

　　"高加索种"（カウカス）是布鲁门巴哈人种学术语，这说
明渡边已经间接地接触到"人分五种说"。 但是，渡边的人种
知识还很混乱，他所说的"四种说"也不同于通常的分类。 他
说"リヒウス"（Rihiusu）主张人分七种，到底是哪七种？ 没
有说明。② 渡边华山关于人种分类的认识错位，在《外国事情
书》中将欧洲人写作埃塞俄比亚人。③ 此外，渡边将鞑靼种和
蒙古种一分为二，与高加索种相提并论，这是误解。 渡边认为
人类文明由东而西、由南向北移动，确信鞑靼种不低于高加索
种，这也不同于欧洲的人种学。

---

① 「慎機論」、同上书、第 69 頁。
② 「慎機論」、第 69 頁。
③ 「外国事情書」、第 18—19 頁。

一、 概念的再差异

自渡边接触到欧洲人种学后三十年，在文明开化的潮流下，日本启蒙学者开始关注人种知识。 1869 年，钱伯斯兄弟编纂的 *Introduction to the Sciences* 被译为《博物新编补遗》出版，该译本比中文《格致汇编》上刊登的《格致略论》要早七年。① 该书卷之下"人种论及纲鉴"一文相当于《格致略论》中的"论人类性情与源流"。 以下是日文及中译文：

人ハ動物中ノ特種ニシテ聡明卜良善卜ヲ以テ万物ノ上ニ擢抜ス。然レモ天下ノ民皆同一種ナラス。世ニ正史アリテ以来白皙ノ人全欧羅巴、亜細亜ノ西方及亜非利加ノ北地ニ居リ之ヲコーカシヤ種卜ス。蓋シ黒海卜裏海卜ノ間ニ在ルコーカシュス山中ヲ此種始誕ノ地卜スレハナリ。此種ハ特ニ聡明ニシテ容貌文雅ナリ。又モンゴリヤ雑種アリ。皮色微黄亜細亜ノ余壌ニ居ル。此種ハ聡明神気稍弟（第）一種ニ及ハス。第三種ヲ子グロ雑種卜云フ。

---

① 关于钱伯斯 *Introduction to the Sciences* 在日本的译介情况，参见松永俊男『ダーウィン前夜の進化論争』、名古屋大学出版会、2005 年。

膚色漆黒ニシテ容貌野鄙ナリ。亜非利加強半ノ人民是ナリ。第四種ヲ亜米利加土人種トス（マーレー人種ヲ加ヘ五種トスルアリ）。此種ノ人四百年前閣龍（コロンビス）氏始テ此州土ヲ発見シタル時マテハ全ク州土ニ擾レリ。膚色銅ノ如ク其ノ性魯ナリ。其風俗凶暴ナリ。

　　人在动物中，系特殊种类，就聪明与善良言，远在万物之上。但天下之民非出同种，自有史以来，白皙之人在全欧罗巴、亚细亚西方及亚非利加之北，曰高加索种。唯黑海与里海之间之高加索山中为此种诞生之地。此种尤为聪明，容貌文雅。又有蒙古杂种，肤色微黄，散布于亚细亚。此种聪明、神气稍逊第一种。第三种为黑色杂种，肤色漆黑，容貌鄙野，亚非利加大半人民皆是。第四种为亚米利加土人种（加上马来人种，则为五种），四百年前阁龙氏（Christopher Columbus）发现此洲前，该人种盘踞全洲，肤色如铜，性鲁钝，俗凶暴。①

　　如果与《格致汇编》的中译文相比较，日译文可谓忠于原文，只是衍生出"马来种"和"阁龙氏"（哥伦布）等句。 此外，日本文部省动员50多位"洋学"者，耗时10年，翻译了2卷约1600页的钱伯斯《人种志》，命名为《百科全书·人种

① チャンブル著、小幡篤次郎訳述『博物新編補遺』巻之下、尚古堂、1869 年版、第 10—12 頁。

论》（1874—1883）。① 从后文关于教科书的人种叙述可知，《人种志》成为所有教科书人种叙述的底本。

关于人种名词的翻译，日译文和汉文西学地理书中的名词颇为相似，前者显然受到后者的影响。1877 年，松村精一郎在《万国地志阶梯》一书凡例中写道：“书中所载地名、物名之汉字，一则以《瀛寰志略》《地球说略》《地理全志》等为据，一则采用惯用词语，如无现成汉字，则以国字（假名或日本造汉字）对译，外加括号标出。”②《地球说略》即 1856 年由宁波华花圣经书房出版的美国人祎理哲（Richard Quarteman Way）的著作③，该书没有讲人种，但有五大洲名词。《地理全志》指 1853—1854 年由上海墨海书馆出版的慕维廉的著作，该书第五章提到人分五种说：高加索种、蒙古种、马来种、黑种和亚米利加种。这两本书和《瀛寰志略》里的相关术语成为明治初期译介地理书时的参考。

无论就影响而言，还是就书写模式而论，福泽谕吉（1835—1901）编译的著作都值得特别一提。福泽谕吉译于明治前的《西洋事情》（1866）附有一张五种人图（见下图）④，从该图题字可见，他是用儒家普遍主义话语来诠释人种的：四海一家，五族兄弟。

<hr />

① 『百科全書　人種論』、文部省、明治 7 年、第 5 頁。
② 松村精一郎：『万国地誌階梯』、白乐圃、1886 年、「凡例」。
③ 1848 年版名为《地球图说》，1856 年再版易名为《地球说略》。
④ 福沢谕吉「西洋事情」、『福沢谕吉全集』第 1 卷、岩波書店、1969 年。

《西洋事情》(1866)、《智慧之环》(1870)

明治维新后，在野的福泽捕捉到时代的变化，于 1869 年出版了一本小册子《世界国尽》。 该书由正文 5 卷和附录 1 卷构成。 在第 1 卷"世界人民之事"中，福泽采用布鲁门巴哈"人分五种说"，称"欧罗巴人肤色白，人口有 4 亿 2 千万人；亚细亚人种肤色黄，人口在 4 亿 6 千万人；居住在亚米利加山中之人肤色赤红，人数在 1 千万人；阿非利加人种肤色黑，人数为 7 千万人；住大洋洲岛上之人肤色呈茶色，人数在 4 千万人"[①]。在附录人文地理学（"人间之地学"）中写道："世界人种可分为五，容貌智愚各异，各国风俗生计亦不相同。"按照开化的程度，福泽将其细分为如下四种：

---

① 福沢諭吉「世界国尽」、『福沢諭吉全集』第 2 卷、岩波书店、1969 年版、第 579—668 頁。

野蛮人。该种人处在混沌蛮野状态，最下等，与鸟兽无异，非洲土人为野蛮人。该种人以狩猎为业，或食虫，或以野果、草根果腹，无慈悲心，相互争斗，甚而食人啖肉。居无定所，不事农业，衣服简陋，近乎裸体。其知识固狭，不识文字，不知法律，不讲礼仪。

半野蛮人。该种人远高于野蛮混沌，中国北方之鞑靼、北非土民即是。该类人逐水草而生，食牛羊肉，饮其乳汁，偶有从事农业且食五谷者。虽有文字，然识字读书者甚少。

半文明人。该种人为未开化或半开化者，较之蛮野之人远为上等。农业发达，食物充足，艺术繁荣，追逐淫巧，文字学问兴盛，然嫉妒心深，嫌憎他国之人，蔑视妇女，有凌弱之风，"支那（中国）、土留古（土耳其）、边留社（波斯）诸国可谓半开化也"。

文明人。该种人重礼仪，尚真理，性情温和，风俗纯净，各业日新，学问月进。勤农业，事工作。百般技艺，无不精进，国民安居乐业，得天之佑。美利坚合众国、英国、法国、日耳曼、荷兰、比利时等臻于文明开化之域。①

《世界国尽》问世后，一版再版，发行数不亚于福泽另一部启蒙名著《劝学篇》——其中也有类似的人种描述。② 在刊行《世界国尽》的同时，福泽还编写了该书的简本和便于携带

---

① 福沢諭吉「世界国尽・附録」。
② 福沢諭吉「学問のすすめ」、『福沢諭吉全集』第 2 巻。

的《掌中万国一览》。①

意味深长的是，《世界国尽》介绍的人种中没有日本人，福泽既没有指出日本人属于五种中的哪一种，也没有点明日本人位于四个等级中的哪一级。 在《世界国尽》"凡例"中，福泽自称该书是根据英国人和美国人的著作翻译而成的，"没有加入丝毫我个人的见解"。② 笔者无法知道福泽所使用的所有参考书，但知道有一本是米切尔（S. Augustus Mitchell，1790—1868）编辑的地理教科书。 在从文明到野蛮的四等人中，福泽说"支那（中国）、土留古（土耳其）、边留社（波斯）诸国可谓半开化也"。 米切尔原书则道："他们坚忍而勤奋，但才智有限，进步缓慢。 中国人和日本人构成了蒙古人种的大部分。"③可见，清清楚楚地写着日本人和中国人一样还处在"半文明""半开化"状态。

日本人不在人种叙述中。 确实，在表征五种人的图像中，一般出现的也是中国人。 前引《西洋事情》所附五种人图为1870 年古川正雄所编《智慧之环》所采用，图中亚洲人种的代

---

① 福沢諭吉「掌中万国一覧」、『福沢諭吉全集』第 2 卷、第 453—484 頁。

② 福沢諭吉「世界国尽・凡例」。

③ They are patient and industrious, but limited in genius and slow in progress. The Chinese and Japanese comprise a large portion of the Mongol race. S. Augustus Mitchell, *A System of Modern Geography*, *Physical*, *Political*, *and Descriptive*, Philadelphia: E. H. Butler, 1865; 1872, p. 33.

表是戴小帽、留长辫的清朝男子。① 1874 年出版的慕维廉《地理全志》日译本略去有关人种叙述的文字，附上一张九种人图（见下图），图中紧接着"欧罗巴种族"的也是"支那种族"。②

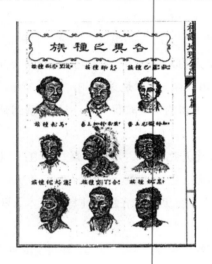

二、 日本教科书里的人种

与《世界国尽》不同，内田正雄编译的《舆地志略》是另一种书写模式，被文部省指定为地理教科书。 该书详细介绍

① 古川正雄『智慧之環二編』、上册、古川正雄、1870 年。
② 阿部弘『増訂和訳地理全志』、東京書林、青山堂、1874 年、第 5 頁。

了五种人的身体特征、地理分布，但未进行文明与野蛮的区分。 该书表述人种的名词有莫古种（黄人）、高加索（白人）、以日阿伯哑（黑人）、巫来由种（棕色人）和亚米理加种（铜色人）。①

明治初，在"人分五种说"普及之际，还出现了"人分三种说"。 1872 年，堀川建斋撰写的《地球产物杂志》自称是编译自法国的地理书，书中将人种分为高加索种、蒙古种和黑人，继而又分出马来人等三种。② "人分三种说"是乔治·居维叶的学说，居维叶早年心属"人分五种说"，根据布鲁门巴哈的分类法解说人之所以分为五种的理由，③其后提出自己关于人分三种的主张：白色的高加索种（la blanche，ou caucasique）、黄色的蒙古种（la jaune，ou mongolique）和黑色的内革罗种（la nègre，ou éthiopique）。④ 与"人分五种说"相比，"人分三种说"的影响很小，进入 20 世纪后，才较多地被人提起。

1870 年，自称根据美国地理和历史书编译的松山栋庵《地学事始》出现了布鲁门巴哈的专有名词：高加索人种（白色）、

① 内田正雄編訳『輿地誌略』第 1 卷、文部省、1870 年、第 27—28 頁。
② 堀川建齋『地球産物雜誌』、和泉屋半兵衛、1872 年、第 1—4 頁。
③ Georges Cuvier, *Tableau élémentaire de l'histoire naturelle des animaux*, Paris: Baudouin, imprimeur, 1798 (Bruxelles: Culture et Civilisation, 1969), pp. 71 - 75.
④ Georges Cuvier, *Le règne animal distribué d'après son organisation*, tome 1, Paris: Deterville, 1817, p. 94.

蒙古人种（黄色）、卷毛人种（黑色）、美理格人种（红色）、马来人种（褐色）等。蒙古人种有支那人、鞑靼人，没有日本人。该书沿用了前揭古川正雄《智慧之环》中的人种图。①

1874 年，深间内基根据英国地理学书编译了小学地理教科书《舆地小学》，书中使用布鲁门巴哈的术语介绍五种人：

（1）高加索种或白色人种，又称欧罗巴人种，"骨相最正，容貌极美，为诸人种中改良最佳、最富才干者，宜率先臻于文明之极致"。

（2）蒙古种或黄色人种（日本、中国等多属该人种），"性善忍耐，勤于学业，宜升入文明之境"。

（3）埃塞俄比亚种或黑色人种，"习性怠惰，尚未进入开化之境"。

（4）马来种或褐色人种，"性格刚烈，常怀复仇之念，极少开化"。

（5）美洲人种或赤色人种，"富于复仇之心，好战斗狠"。②

和福泽一样，该书随后按照蛮夷（最下等）、未开化之人（略胜蛮夷）、半开化之人和文明开化之人等四个等级描述不同人种的特征，认为最理想的国家是美国、英国、法国和日耳曼。③

---

① 松山栋庵訳述『地学事始』初編、上册、尚古堂、1870 年、第 5—6 頁。
② 深間内基『舆地小学』、名山閣、1874 年、第 16—18 頁。
③ 深間内基『舆地小学』、第 19—22 頁。

相似的例子还有很多。 1874 年，石黑厚《舆地新编》将人种分为"开化人种"、"半开化人种"及"未开化人种"三个等级，罕见地称日本和中国介于开化和不开化之间。① 1876 年，千叶师范学校编辑的《初学地理书》提及地球上有黄人种（蒙古人种）、白人种（高加索）、黑人种（亚弗利加）、红人种（亚米利加）和棕色人（巫来由），"此五种人中，最进于开化者系白人种，次属黄人种"。②

从以上概观可以确认：第一，"人分五种说"在明治初期广为传播；第二，对人的分类标准基于可视的肤色和骨骼等身体特征；第三，身体的差异被赋予了文明/野蛮的内涵。 各类书籍介绍的"人分五种说"虽然来自布鲁门巴哈，底本却为英美地理学书籍，而最为重要的参考书无疑是钱伯斯的《人种志》。

在日本教科书编撰历史上，明治十年（1877）是一个重要年份，当年文部省开始实施教科书审定制度，从此所有教科书均需文部省统一"检定"——国家意志反映在教科书的书写上。 1894 年，太田保一郎编写的《中等新地理》由东京八尾书店出版后送文部省"审定"。 作者是地理学助教，该书供"寻常中学校"使用。 一位姓"小川"的文部省审查员用朱笔批道：不认可。 理由是"体裁疏漏，不适宜作教科书。 谬误甚多"。 但通观全书，看不出有这些问题，仅在人种叙述上与其

① 石黑厚『舆地新編』、1874 年、第 11—12 頁。
② 千葉師範学校編『初学地理書』、出曇寺万次郎、1876 年。

他教科书有所不同而已，即与前揭堀川建斋《地球产物杂志》一样，采用的是居维叶的"人分三种说"——白种、黄种及黑种。同时该书也夹杂着"人分五种说"——"棕色的马来人、铜色的亚米利加人都属于黄种"。①

据笔者所知，经由文部省审核合格的教科书均采用"人分五种说"，这显然与文部省主导翻译的《人种志》有关。1879年，须川贤久《小学口授博物谈》写作"蒙古种（黄）、高加索种（白）、巫来由种（茶棕色）、以日阿伯种（黑色）、亚米利加种（铜色）"②。该书附有一幅五种人图（见左图）。

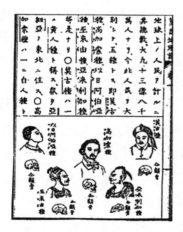

1879年《小学口授博物谈》所附五种人图

1883年出版的三桥惇《小学舆地志略》写道："世界人类，大别有五，即蒙古种（黄色人）、高加索种（白人）、以日阿伯种（黑人）、巫来由种（棕色）、亚米利加种（铜色人）。"③1886年，冈村增太郎《新撰地志》第九课作高加索人种、蒙古人种、美洲人种、非洲人种和

---

① 太田保一郎『中等新地理』、八尾書店、1894 年、第 118—119 頁。
② 須川賢久編『小学口授博物談』、積玉圃、1879 年、第 9—11 頁。
③ 三橋惇編訳『小学輿地誌略』上册、修静館、1883 年、第 7 頁。

马来人种。① 在人种书写上，经审定合格的教科书仅在排列顺序和汉字翻译上略有不同。

福泽《世界国尽》开启的以文明开化程度区分人种高下，仍是教科书叙述的主流。 1879 年，山田行无《新撰地理小志》第 3 章写道："欧罗巴位于亚洲之西，为高加索白种人居住之地，土地虽最小，然人民富有智识，巧于工艺，居壮丽之家宅，着轻暖之衣服，食鲜美之食物，堪称当今世界之乐土。"②1886 年，高桥熊太郎《普通小学地理书》第 9 章写道："此人种中，欧罗巴人种最富有知识，学习农工商，诸事开化，故在五种人中位居最上等。 又亚弗利加人种，愚昧而不事事，习于怠惰，堪称野蛮，是为五等人种中之最下等。"③1887 年，前川一郎《万国地理小学》则有："黄色人种曰蒙古人种，住亚细亚，世界开化之始祖。 白色人种曰高加索人种，散处欧罗巴、亚米利加，系人类最优秀者。""其余三种人为人类中最劣等者。"④1889 年，小笠原利孝《小学万国地志》很罕见地写道："五种人中，蒙古、高加索二人种达于文明开化之境，亚弗利加以下三种皆未脱离野蛮之境。""半开之民，自大而沉溺于虚妄之迷说，智识贫乏，器械粗糙，君主独专威权，任意抑制

---

① 冈村增太郎『新撰地誌』第 3 册、文学社、1886 年、第 11 页。
② 山田行無编『新撰地理小誌』、香風館、1879 年、第 6 页。
③ 高橋熊太郎编纂『普通小学地理書』卷之上、第 1 册、集英堂、1886 年再版、第 18 页。
④ 前川一郎『万国地理小学』卷之上、集英堂、1887 年、第 10 页。

万民。 蒙古人种多属此类。"①这里所说的与高加索人一样进入文明开化之境的无疑是日本人。

将五种人配置在不同"开化"层次上的叙述模式一直延续到 19 世纪 90 年代末,是考题中经常出现的问题。 各类参考书有如下内容:

岩崎铁次郎《受验必携地文学问答》(1890):高加索(白)、蒙古人种(黄)、以日阿比亚(黑)、马来人种(褐)、亚米利加(铜)。②

渡边松茂《试验答案万国小地志》(1891):高加索人种(白)、蒙古人种(黄)、马来人种(褐)、以斯于伯亚(黑)、亚美利加人种(铜)。③

谷口政德《受验应用万国小地志》(1891):高加索(白)、蒙古(黄)、马来人种、亚弗利加(黑)、亚米利加(铜)。④

吉见经伦《受验应用万国地理问答》(1892):高加索(白)、蒙古人种(黄)、马来人种(褐)、以斯于伯亚(黑)、亚米利加(铜)。⑤

---

① 小笠原利孝编『小学万国地誌』订正再版、上册、冈安慶介、1889 年、第 20、22 頁。
② 岩崎鉄次郎『受験必携地文学問答』、成文館、1890 年、第 54—55 頁。
③ 渡辺松茂『試験答案万国小地誌』、積善館、1891 年、第 5—6 頁。
④ 谷口政徳『受験応用万国小地誌』、博文館、1891 年、第 2—4 頁。
⑤ 吉見経倫『受験応用万国地理問答』、積善館、1892 年、第 3 頁。

1886 年，中村正直给松村精一郎《万国地志阶梯》撰写的
汉文序称："今日教童蒙之急务，在于使其悉知海外事情形势，
以渐次开通其耳目，启发其心智而已。"① 可以说，经过明治的
学校教育，"人分五种说"已经成为日本社会的常识。

20 世纪初，日本地理教科书涉及人种的内容突然减少，叙
述风格也发生了根本的变化，有的甚至不再专门谈论人
种。② 究其原因，与 1902 年 2 月文部省颁布的"训令"有关，
"训令"规定地理教学要按洲、国顺序叙述，关注"日本在世界
的位置"，"留意于与我国关系多的地区"。③ 文部省的"训
令"是教科书书写变化的指针。 甲午战争后，伴随日本民族主
义的高涨，教科书关于人种叙述的内容开始变化。 1899 年，
金港堂出版的《小学外国地志》称世界人民分为四等：野蛮之
民、未开之民、半开之民和文明之民。 文明之民"崇尚礼仪，
精于学术技艺，农工商兴盛，广开交通贸易，系人类中最高
等，谋求快乐生活。 吾之国民即是也"。④ 日本俨然达于"文
明开化"之境。 同年，三省堂出版的《外国地理教科书》简单
介绍了黑种人、黄种人（蒙古种）、白种人（高加索）的身体特
征后写道："人类分三大类，乃是依法国人居维叶之说，然德国

---

① 中村正直「序」、松村精一郎『萬国地誌階梯』、『中村敬宇文集』第 3 卷、吉
川弘文館、1903 年。
② 参见志賀重昂『地理教科書・外国篇』、富山房、1904 年。
③ 文部省編『中学校教授要目』、間室親遠、1902 年、第 47—55 页。
④ 金港堂書籍株式会社編輯所『小学外国地誌』、金港堂、1899 年、第 15—
17 页。

人布鲁门巴哈进而将黑人种分为亚米利加种（铜色人种）、黑色人种及马来人种（褐色人种），将世界人类分为五种。"①这本教科书叙述混乱，仿佛先有居维叶"人分三种说"，后有布鲁门巴哈"人分五种说"。该教科书的阅读对象是中学生，不但在不同人种旁标出英文字母，还罕见地出现了布鲁门巴哈（Blumenbach）的名字。

　　中村正直曾评判明治教科书的编纂者为"苟且剽窃以射利者"。自福泽谕吉以下编撰的地理教科书，稍好的直接编译自英法文，差些的就近"剽窃"日文书，而且不同教科书的叙述存在同质化现象。1902 年，井原仪《中等教育外国地理教科书》仿三省堂教科书，在短短数行介绍人种的文字中提到布鲁门巴哈的名字。② 早见纯一是英文专家，他在 1902 年出版的《中等地理教科书》中简述蒙古人种（Mongolian race）、高加索人种（Caucasian race）、亚弗利加人种（African race）、马来人种（Malayan race）和亚米利加人种（American race）之后，与三省堂《外国地理教科书》相反，在文中加入几行小字："又，法人 Cuvier（居维叶）将其区分为白人种（White race）、黄人种（Yellow race）和黑人种（Black race），白人种指高加索种，黄人种指蒙古种，黑人种中有亚弗利加、马来亚和亚米

---

① 三省堂編輯『外国地理教科書』、三省堂、1899 年、第 8 頁。
② 井原儀『中等教育外国地理教科書』、春阳堂、1902 年、第 8 頁。

利加三种。"①撇开抄袭问题不谈，换个角度看，"人分五种说"在教科书中的淡化以及与"人分三种说"并列记述，标志着布鲁门巴哈的人种学说在明治日本传播三十年后地位发生了动摇。②

三、 日本人种改良论

"我是猫，名字嘛……还没有。"这是日本明治大文豪夏目漱石小说《吾辈是猫》开篇头一句话。 这只没有名字的雄性猫是英语教师苦沙弥家的，毛色浅灰，带有斑点，性格怪僻，神经衰弱，爱上了邻居双弦古筝师家的白色雌猫。 小说里还有一只黑色的大雄猫，缺乏教养，被打折了腿，是人力车夫家的。《吾辈是猫》写于日俄战争（1904—1905）中日本节节胜利之际，其时日本举国为黄种人战胜白种人而狂欢，冷眼相看的夏目漱石通过没有名字的猫的颜色暗示了日本人脑海中的人种

---

① 早見純一『中等地理教科書外国之部』、大日本図書株式会社、1902 年、第12—14 頁。
② 1897 年松井浪八在一本关于中国历史教科书的《凡例》中宣称，布鲁门巴哈的人分五种说已经过时，人分四种法开始流行。 见松井浪八『中学東洋歴史』、春阳堂、1899 年。

意识。①

　　反观整个明治时代的人种论述，伴随进化论的传入，在从
"蒙昧"转入"文明"的叙事之外，还衍生出"自然淘汰"和
"人工淘汰"的言说，此即优生学的先声。

　　1884年，高桥义雄刊行了一本
震世骇俗的著作——《日本人种改
良论》。高桥认为，日本人在身体
上劣于白种人，唯有采取与白人通
婚的方式，混血、再混血、再再混
血，如此下去，日本人最终可以变
成白种人。② 如果作者是一般人的
话，这本书很可能被视为明治时代

各种奇谈怪论之一而被忽略，但高桥是福泽谕吉的学生，而且
福泽还给该书作了序，这就使高桥的人种改良论有了另一层意
味。 有人辩称序文可能并非出自福泽之手，不代表他本人的看
法。 非也。 即使是学生的代笔，也是得到了老师的首肯，何
况有证据表明福泽也持有相同的看法。

　　福泽的序文耐人寻味，他认为《日本人种改良论》推崇体
育，呼吁日本人改掉不良的衣食住习惯，凸显"选择血统遗传
之美的重要性"，因而堪称针对"时弊"而发的新的国民"养

① ［日］小森阳一：《〈我是猫〉中猫的毛色》，《新学衡》第 1 辑，南京：南京大
　　学出版社 2016 年版。
② 高橋義雄『日本人種改良論』、石川半次郎、1884 年。

生论"。① 1882 年 3 月，在庆应义塾的两次演讲中，福泽反复申言教育虽然重要，但与教育相较，人的"遗传能力"更为重要。② 同年稍早，在讨论江户三百年《妾的功能》一文里，福泽在两处提到达尔文。③ 而在《日本妇人论》（1886 年）一文里，福泽更是直接论及"人种改良"，赞成以"内外杂婚"的方式改良人种，认为这是关乎一国命运的"百年之计"。④

达尔文（Charles Robert Darwin）《物种起源》（*On the Origin of Species by Means of Natural Selection，or the Preservation of Favoured Races in the Struggle for Life*）一书出版于 1859 年，被译为日文是在近四十年之后。⑤ 但是，达尔文 1871 年出版的《人类的由来及性选择》（*The Descent of Man and Selection Relation to Sex*）在 1881 年即被译为日文，题名《人祖论》。 译者神津专三郎推崇"递进论"（进化论），嘲笑古代犹太人的上帝创世是"小说"，称赞达尔文的学说"网罗古今，祖述先哲"，揭示了人类从"野处穴居"到"文明开化"的"递进"作用。 人类是近乎猿类的"既亡生物之一种"，即使

---

① 福澤諭吉「序」、高橋義雄『日本人種改良論』。
② 福澤諭吉「遺伝之能力」、『福沢諭吉全集』第 8 巻、岩波書店、1970 年、第 56—61 頁。
③ 福澤諭吉「妾の功能」、『福沢諭吉全集』第 8 巻、岩波書店、1970 年、第 15—17 頁。
④ 福澤諭吉「日本婦人論」、『福沢諭吉全集』第 5 巻、岩波書店、1970 年、第 445—474 頁。
⑤ チャールス・ダーウィン著、立花鉄三郎訳『生物始源、一名種源論』、経済雑誌社、1896 年。

人类是从猿类递进而来的，与猿的天伦也不一样。①

对于高桥的日本人种改良论，同样接受进化论的加藤弘之的看法相反。加藤放弃以往主张的"天赋人权"说，1882 年作《人权新说》，强调通过"人为淘汰"来获取人才。 1881 年加藤撰文指出，"达宾"（达尔文）的进化理论来自"康的"（康德）、"瓜得"（歌德）、"拉摩克"（拉马克，Jean-Baptiste Lamarck）等哲学家，主张"生存竞争，自然淘汰"。② 1886 年，在题为《人种改良之辨》的演讲中，加藤承认日本人在身体和精神上劣于西洋人，但不同意高桥的黄白人种杂交，理由有三：（1）先要辨别人种。 除布鲁门巴哈的人分五种外，还有678、11、12、16、22、36、60、63 种等分类，皆以毛发、肤色、头骨、脑髓、体格、言语等为衡量标准。 诸人种中，以西洋人为最高，日本人、中国人和朝鲜人为中等，非洲黑人和美洲红人为下等。 （2）原有人类起源多元和一元二说，自从进化论出，多元论占主导，认为人是从猿猴进化而来的。 （3）加藤以阿瑟·戈宾诺（Arthur de Gobineau）、弗里德里希·缪勒（Friedrich Max Müller）等人的观点为依据，证明黄白二种杂

---

① 「人祖論緒言」、查爾斯駝韻著、神津專三郎訳『人祖論』、山中市兵衛、1881 年。

② 加藤弘之「人為淘汰二ヨリテ人オヲ得ルノ術ヲ論ス」、『東洋学雑誌』第一号、明治 14 年 10 月、第 609—620 頁。 转见鈴木善次『日本優生学資料選集——その思想と運動の軌跡』第 1 巻、欧化思想と人種改良、クレス出版、2010 年。

交未必能得到好的结果。① 进而，加藤认为黄种人未必比西洋人劣等，特别是"近来的进步，堪称史无前例，令西洋人吃惊"。 黄种人即使与西洋人进行人种竞争，也未必落败。 加藤的论证很特别，认为不论黄白是男女组合还是女男组合，混血的结果将使日本人的血液逐渐消失。② 因此，要保存日本人的纯粹，黄白不能杂交，否则日本人会自取灭亡。③

1893 年，井上毅（1844—1895）出任文部大臣。 早年留学法国的井上曾参与起草明治宪法、军人敕谕和教育敕语等，堪称日本天皇制国家的缔造者之一。 井上重视教育在实现明治宪法体制中的作用，认为"国体"教育是统一国民思想的手段，能"养成国民之特性"，"知为人之大道，辨国民之本分"。④ 上任伊始，井上即撤销文部省下辖的修史局，表面的理由是用汉文编纂国史，"不适于今日之实用"。⑤ 而真实原因是，他厌恶宣传文明开化的教科书，认为日本史教科书以"帝室之先祖为印度人，或与朝鲜人同种，荒唐至极。 ……此乃关

---

① 加藤弘之「人種改良ノ辨」、『東洋学雑誌』第 53 号、明治 19 年 2 月 25 日、第 385—390 頁。

② 加藤弘之「人種改良ノ辨」（続）、『東洋学雑誌』第 54 号、明治 19 年 3 月 25 日、第 421—426 頁。

③ 加藤弘之「人種改良ノ辨」（続）、『東洋学雑誌』第 55 号、明治 19 年 4 月 25 日、478—483 頁。

④ 井上毅伝記編纂委員会編『井上毅伝　史料篇第二』、国学院大学図書館、1968 年、第 604 頁。 野口伐名『文部大臣井上毅における明治国民教育観』、風間書房、2001 年、第 80 頁。

⑤ 井上毅伝記編纂委員会編『井上毅伝　史料篇第二』、第 684 頁。

乎国体之大事，这类教科书我准备将其一扫而光"。① 与此相呼应，很多学者转而以日本民族主义重述历史。 在人种书写方面，以撰写第一部日本文明史《日本开化小史》而闻名的田口卯吉告别文明史，倾力撰写天皇和贵族人物传。 1904 年，田口称从语言上看日本人并非黄种，是属于印度-雅利安语系的白种人。② 明治末年，类似的言论甚多，柏拉图全集译者木村鹰太郎独创"新史学"，公言日本神话和希腊神话相似，希腊人和日本人同源。③

---

① 井上毅伝記編纂委員会編『井上毅伝　史料篇第二』、第 605 頁。
② 田口卯吉『破黄禍論』（一名『日本人種の真相』）、経済雑誌社、1904 年、第 30—33 頁。
③ 木村鷹太郎『世界的研究に基づける日本太古史』、博文館、1911 年。

第五章

竞争

甲午战争后，日本化的西学——"东学"成为中国知识人关注的对象；日本涉及人种的各种书籍不断被译介到中国，成为中国人了解人种知识的主要来源。与日本不同的是，中国知识人的人种论述重点在保种，保种的方式不止于文明化，更在于"种"之间的竞争。

一、 保种与"通种"

1895 年 3 月，严复在《直报》发表《原强》一文，将进化论思想介绍到中国。在论及人种分类时，严复说"天下之大种四：黄、白、赭、黑是也"。严复赞成人分四种，但并没有接受其中内含的差异话语，认为"今之满蒙汉人，皆黄种也。由是言之，则中国者，邃古以还，固一种之所君，而未尝或沦于非类，区以别之"①。 即，中国从来就没有被其他种族统治过，"黄"并不意味着半文明和半野蛮。

1896 年 8 月，梁启超在《时务报》上连载《变法通议》，认为古今人种兴衰经历了从"力之强"到"智之强"的转变："数千年来，蒙古之种，回回之裔，以虏掠为功，以屠杀为乐，屡蹂各国，几一寰宇，力之强也。 近百年间，欧罗巴之众，高加索之族，借制器以灭国，借通商以辟地，于是全球十九，归其统辖，智之强也。"②和严复一样，梁启超也把近代人种话语置于中国历史中来把握，关心的不是人种学说本身，而是与人种有关的历史和政治。

戊戌变法前后，真正以人种为题撰文的只有唐才常。 1897年，唐才常在《湘学报》连载《各国种类考》，不仅告知读者其知识来自何处，而且随处表达自己的见解。 他写道：

> 《万国史记》：亚细亚为人类初生之地，他洲人民皆自此转徙，阖洲人口约五亿，人类大致三种，曰蒙古种，曰高加索种，曰马来细亚种。案此指亚细亚大洲言，非西人所言巴比伦犹太之亚细亚也。 盖人类之生，中国最早，他国皆由中国

---

① 严复：《原强》，王栻主编：《严复集》第 1 册，北京：中华书局 1986 年版，第 10 页。

② 梁启超：《论学校一》（变法通议三之一，总论），《时务报》第 5 册，第 2 页，沈云龙主编：《近代中国史料丛刊三编第 33 辑》（时务报 1），台北：文海出版社 1987 年版，第 271 页。

转徙,毫无可疑。若西人谓挪亚之子闪,居亚细亚大洲,不足据。①

《万国史记》是日本人冈本监辅用汉文撰写的历史教科书,传入中国后一版再版,成为畅销书。唐才常在引用《万国史记》的叙述后阐述了三个与人种有关的问题:

第一,起源。唐才常否定《圣经》人类起源神话和中国人种西方起源说,认为中国是人类文明的摇篮。

第二,分类。文中出现蒙古种、高加索种和马来细亚种等,这些都是布鲁门巴哈人种学用语,如果结合文章其他部分所谈到的黑种人和红种人,可以确认唐才常了解"人分五种说"。其时,以往传教士所介绍的人种知识开始为人们关注。1898年3月《知新报》刊登的广东番禺人黎祖健撰写的文章写道:"夫大地既划为五洲,而人类亦界以五种焉,曰中国蒙古人,曰高加索人,曰阿非利加人,曰马来人,曰亚美利加土人,以肤色辨之,则所号为白人、黄人、黑人、棕人、红人是

---

① 唐才常:《史学第五·各国种类考》(1897年9月7日),《湘学新报》(三),台北:华联出版社1966年版,第2119—2120页。这段话出自冈本监辅《万国史记》,文字略有出入,其中高加索原作"甲加索":"亚细亚为人类初生之地,他洲人民皆自此转徙,阖洲人口约五亿,人类大别三种,曰蒙古种,曰甲加索种,曰马来细亚种。"(第1卷,亚细亚史第一,1878年冈本藏版,第2页)。

也。"①从人种译名看，与《格致汇编》刊载的《人分五类说》完全相同。

第三，等差。唐才常将黄种和白种置于同列，将其他人种置于另一序列。和严复一样，唐才常也提到"马来西亚种"，但除了身体上的可视差异外，涉及该人种的叙述阙如。唐才常写道："黄白智，红黑愚；黄白主，红黑奴；黄白萃，红黑散。"②黄白不是对等的："惟高加索族，技艺精微，冠绝五洲。"此外，高加索族还具有征服他者的能力。③因此，唐才常虽然主张文明起源于中国，但中国人——黄种的优越性在"过去"，不在"现在"，实则承认白种——高加索族的优越性。关于这一点，可从他关于黄白"通婚"的"通种说"看出。

在"通种说"中，唐才常认为"通种"是"立天国、同宗教、进太平"的必然途径。为此他列举了"通种"的十条理由，其中第六条透露了这一想法的来源："日本怵欧种之强，闵

① 黎祖健：《弱为六极之一说》（续前稿教弱种弱）（1898 年），《知新报》第 47 册，第 2 页，载《知新报》（一），澳门：澳门基金会；上海：上海社会科学院出版社 1996 年版，第 590 页。
② 唐才常：《史学第五·各国种类考》（1897 年），《湘学新报》（三），第 2116 页。
③ 唐才常：《附·各国交涉源流考》（1897 年）。同样看法，参见刘桢麟《地球六大罪案考总序［续前稿］》（1897 年），《知新报》第 10 册，第 2 页，载《知新报》（一），澳门：澳门基金会；上海：上海社会科学院出版社 1996 年版，第 74 页。

亚种之弱，乃下令民间与欧人婚姻者不禁。"①唐才常知道高桥义雄所提倡的通过黄白通婚将日本人改造为白人的主张，所不同的是唐才常的"通种说"不是将"黄"改为"白"，而是通过与白种通婚来强化"黄种"。他写道："吾故谓能速通黄白之种，则黄人之强也可立待也。""通种"既是人类进化的必然，也符合人类大同的趋势："故夫通种者，进种之权舆也；进种者，孔孟大同之微恉也。"②

历经戊戌变法和庚子事变，在19、20世纪之交的中国，有关人种叙述总是与满汉问题相关联：满汉是一体还是异体。赞成前者的是改良派，主张后者的是革命派。在前述唐才常所提到的三点中，他所关心的是人种来源和人种等差，对于人种如何分类不甚重视。在革命派的文章中，一般只是象征性地提到人分五种，相比之下，更常提及的是黄白黑三种，后者简洁地表征了中国的处境：强者为白种，弱者为黑种，位于白种和黑种之间的是黄种。

1903年在上海发行的《外交报》刊载了一篇文章，在介绍地球分为五大洲后写道："其居民分为三种，曰多雷利亚种（蒙

---

① 湖南省哲学社会科学研究所编：《唐才常集》，北京：中华书局1980年版，101页。

② 同上。康有为在其断断续续写就的《大同书》里，认为在白黄黑棕四种人中，白种最优秀，在未来百年间，如果黄白通种，则"黄人已尽变为白人矣"。相比之下，"惟棕、黑二种与白人远绝，真难为合者也"。而棕种如果与黄种"通种"，"先变为黄人，则再变为白人，不难矣"。参见姜义华、张荣华编校《康有为全集》第7集，北京：中国人民大学出版社2007年版，第43页。

古人种——引者），曰高加索种，曰尼格罗种。 多雷利亚种居亚细亚洲、南北美洲，高加索种居欧罗巴洲，尼格罗种居亚非利加洲。 三种之中，以高加索种为最强。"①

曾经赞成人分四种的严复的看法似乎有所变化。 1905年，严复在翻译《穆勒名学》时，提到人可区分为戈哈赊、蒙兀、尼古罗三种。② "戈哈赊"即 Caucasian——高加索的音译。 1906 年，严复在其编译的《政治讲义》中介绍了最新的人种分类知识，内容如下：

> 夫人类之为分，众矣。治民种之学者，其分法本之外形为多。如卜鲁门拔（Blumenbach）以色，烈支孺斯（Retzius）以颅，而今有人，又分之以发，如云将西人之发横断，以割面为椭圆。黑人色之发，其割面如腰子小豆。中国人之发，其割面成正圆形是已。而最靠得住者，莫如言语。……盖若必用言语，则支那之语，求诸古音，其与西语同者，正复不少。③

严复关于卜鲁门拔（布鲁门巴哈）以肤色区分人种的说法

---

① 《论中国人对于世界之责任》，《外交报》第 65 期，1903 年 12 月 13 日，载张元济编著《外交报汇编》（第 1 册），北京：北京图书馆出版社 2009 年版，第394 页。
② 严复译：《穆勒名学》（1905 年），上海：商务印书馆 1981 年版，第 117 页。
③ 严复：《政治讲义》（1906 年），王栻主编：《严复集》第 5 册，第 1246 页。

并不准确，但注意到人种是不同分类标准的产物。 严复说："果使语言可凭，安见东黄西白不出同源？"

与日本不同的是，中国在接受和讲述"人分五种说"过程中，很少有人关心布鲁门巴哈学说中生硬的专用名词。 戊戌变法失败后，梁启超在日本发行的《清议报》刊登了许多涉及人种的文章，"高加索"一词只有一次指称白种人："自欧土以外，莫不为高加索族所蚕食，臣妾而奴伏之，其幸未饱虎狼之饕餮，为黄种留一块者，独亚洲耳。"①大致同时（1899 年 4 月），滞留英国的清朝外交官张德彝（1847—1918）在日记中写道："西国以天下人之面色分五大种，曰白黄红紫黑。"精通英语的张德彝将五种人名称音译如下：白人为"阔喀西安"，黄人为"蒙勾里安"，红人为"阿美里加印的安"，紫人为"普欧里内斯伊安或马来安"，黑人为"呢格娄"。② 作为满族人，张德彝从汉人世界喧嚣的人种话语中似乎感受到了某种危险。 政治赋予人种意义，也在改变人种的原有含义。 在反满革命派人种话语中，人种与民族常被混在一起使用，人种如民族被作为对满族人进行差异化的政治装置。

① 无涯生（欧榘甲）：《劝各地立祀孔子会启》，《清议报》第 11 册，1899 年 4 月 10 日，载《中国近代期刊汇刊 清议报》（一），北京：中华书局 2006 年版，第 646 页。
② 张德彝：《六述奇》第 9 卷，见《稿本航海述奇》第 8 册，北京：北京图书馆出版社 1997 年版，第 38—41 页。

二、 中国教科书里的人种

尽管"人分五种说"在清末舆论中很少被提及，但在普及公共知识的教科书里却随处可见，这和清政府推行的教育改革不无关系。

1901 年，清政府实行"新政"以后，各地建立的新式小、中学校对教科书的需求量迅速增大。 1902 年和 1903 年，清政府先后发布《钦定学堂章程》和《奏定学堂章程》。 1904 年 1 月 13 日，在正式颁布的若干章程里具体规定了各学科的教育目的和内容。《奏定初等小学堂章程》对地理教学要求如下："其要义在使知今日中国疆域之大略，五洲之简图，以养成其爱国之心，兼破其乡曲僻陋之见。"[①]《奏定高等小学堂章程》规定地理课："其要义在使知地球表面及人类生计之情状，并知晓中国疆域之大概，养成其爱国奋发之心；更宜发明地文地质之名类功用，大洋五洲五带之区别，人种竞争与国家形势利害之要端。"[②]根据清政府的教育方针，黄英在《蒙学

---

① 璩鑫圭、唐良炎编：《中国近代教育史资料汇编·学制演变》，上海：上海教育出版社 2007 年版，第 305 页。

② 璩鑫圭、唐良炎编：《中国近代教育史资料汇编·学制演变》，第 319 页。

地理教科书》中称传达知识的目的在于启蒙①；管圻《中国地理新教科教授法》强调："凡教小学校地理，须授以本国国势之大要，使之理会关于人民生活之状态，且以养成其爱国之精神。"②

清末教科书大都是根据日文教科书改编而来的。不过，就地理教科书而言，与日本教科书突出人种差异不同，中国教科书偏重"种族竞争"。1904年钱承驹《蒙学地文教科书》直截了当地称："我国民，黄色人种也。二千年来汉族文明，焜耀大地，今几为白人所掩并焉。为国民者，果何以洗雪斯耻，以无负亚洲大陆地文之发达乎。"③在人种排序上，日本教科书白种和黄种互有先后，而中文教科书一般是先黄后白。钱承驹《蒙学地文教科书》写道："动物类中之最占优等者曰人，人种有五，一黄色人种，二白色人种，三红色人种，四棕色人种，五黑色人种。""黑种最下，生于斐洲及绕赤道诸部，所谓黑奴是也。"④此外，中文教科书很少推崇白种，相反常常歌颂黄种。陶浚宣《地学歌》有道："五方之土中央黄，黄种贵于白，赤棕黑蚩氓。""亚洲本为文明祖。"⑤因此，中文教科书虽然脱

---

① 黄英：《蒙学地理教科书》，上海：南洋官书局1906年初版，第2页。
② 管圻编：《中国地理新教科教授法》上册，上海：乐群图书编译局1906年初版，第1页。
③ 钱承驹编：《蒙学地文教科书》，上海：文明书局1903年初版，第30页。本文使用的是1904年版。
④ 钱承驹编：《蒙学地文教科书》，第29页。
⑤ 陶浚宣：《地学歌》，载《通艺堂诗录》第2卷，1902年刻，第7页。

胎于日文教科书，却很少完整地呈现"人分五种说"。1905 年出版的谢洪赍《学部审定最新地理教科书》是不多见的例外，该教科书写道：

> 全球人数，共约十五万万，可分为五大种。一曰黄种，亦名蒙古利亚种，肤色黄，面平鼻低，发黑而直，居亚洲之东部北部，数约六万万余。一曰白种，亦名高加索种，肤白眼碧，广额隆鼻，毛发褐色，居欧洲及亚洲西南部，而移殖美洲、澳洲及非洲海滨者亦多。人数略同黄种。一曰棕种，亦名马来种，其貌与黄种略通，而肤色黝黑，居南洋诸岛，数约五千万。一曰红种，亦名印第安种，目深发疏，肤现铜色，美洲之土人也，数只一千五百万。一曰黑种，亦名内革罗种，厚唇缩鼻，肤黑如墨，非洲之土人也，数约二万万。①

清末教科书一般以肤色和地理来表述人种，很少出现"高加索种"，文中"内革罗种"（黑人）是笔者在日文教科书中所未曾见到的。在《文化》一课中，谢洪赍将人种分类与野蛮、半开化、文明等结合起来叙述："今惟白种人日近文明，而黄种人则犹有滞居半化之列者。若夫黑棕红三种，则大都野蛮而

---

① 谢洪赍编：《学部审定最新地理教科书》（高等小学用，第 3 册），上海：商务印书馆 1906 年初版，1911 年第 26 版，第 6 页。

已。"所谓"文明之民",指"工商记忆,穷极精巧,智慧发达,学术深邃。尊德义而贵礼让,人民又富,国家巩固"。谢洪赉在该教科书第四册《外国地理》下卷欧洲部分,将白种人进一步分为腊丁(拉丁)、条顿和斯拉夫三个民族,称"三族之民,播迁各洲,以其才艺高出他族,故所至握其大权。民俗知耻自重,不拘小节。教育普及,风俗敦厚。……土地既沃,民多智巧,故农业繁兴,工艺竞起,而航业商务,遍及地球"。①

与谢洪赉《学部审定最新地理教科书》不同,两江学务处审阅的黄世基《初等小学地文教科书》书名仿照了日本地理教科书,叙述内容却更似 19 世纪来华传教士所撰地理书。第四课《人种》写道:

> 人亦动物而最灵者也。然性情状貌,因所居而异。居热带者,物产丰饶,衣食易足,故性多昏惰。居寒带者,资生甚难,终身拮据,故性多愚鲁。惟温带气候温和,物产均足,最适于蕃息发达。全球人种,大别之有五。一蒙古种,即黄色人。二高加索种,即白色人。三内格罗种,即黑色人。四马来种,即棕色人。五亚美利加种,即铜色人。②

---

① 谢洪赉编:《学部审定最新地理教科书》,第 2—3 页。
② 黄世基:《初等小学地文教科书》(两江学务处审正),上海:南洋官书局 1906 年版,第 34—35 页。

人的身体和智慧差异是由自然环境决定的。该书附有五种人图像（见下图），图中蒙古种没有辫发。

《初等小学地文教科书》所附五种人图像

同样，由两江学务处审阅的王邦枢《初等中国地理教科书》采用了同一图像（见上图），措辞大致相同。第十二课《种族之别》写道：

> 五洲人种，族派甚繁，而大种凡五。居亚洲东北部及北部者，为蒙古利亚种。居欧洲及亚洲西南部者，为高加索种。居大洋洲及南洋群岛者，为马来种。美洲之土人，曰印第安种。非洲之土人，曰内革罗种。大抵居温带者肤黄色，居寒带者肤白色，在热带者肤黑色。①

---

① 王邦枢：《初等中国地理教科书》（两江学务处审正），上海：南洋官书局1906年版，第5—6页。

在强调"种族竞争"上，一些教科书将苗族作为反面教材，称其为竞争失败的典型。由蔡元培校订出版的《最新高等小学地理教科书》则不同，第15课"人种"称："我国人概属黄种，细分之有六（汉族、蒙古族、通古斯族、土耳其族、西藏族、苗族）。""新疆西北部，则有高加索种，南洋琼州岛，则有马来种。"①作为黄种人的中国人是由蒙古种、高加索种和马来种所构成的混杂民族。

"人分三种说"在教科书中偶有呈现。余謇《地理略说》写道："人类不齐，近世学者皆谓其同出一祖，其后因所居之地气候不同渐致改变，遂有种族之分，分之之法，或以毛发，或以头颅，或以皮色。今就毛发，分之为三大类，每类又可析为若干支。""直发种"为有色人种，"思想较高于绒发种"；"拳发种"大半为白色，故称白种，"此种中多数人之智识高于他种"，"高加索族为拳发种内思想最高之族"；"绒发种"有淡棕色和黑色，"此种人思想极劣，无有能光于历史者"。②该书对黑种人充满歧视之词。

1912年中华民国成立，清末教科书里的"人分五种说"因为传递的是被视为"科学"的知识，仍然是教科书叙述的主流。商务印书馆推出的共和国教科书新系列《新国文》第六册

---

① 蔡元培校订：《最新高等小学地理教科书》（二之一），上海：会文学社，年代不详，第9页。
② 余謇辑：《地理略说》，江西法政学堂讲义，约1911年版，第11—12页。

"人类一源说"课写道:"世界人类之种族,大别之有五。 曰黄种,曰白种,曰黑种,曰红种,曰棕种,肤色同矣。 而以风俗语言之歧异,又各别为无数种族,如黄种有汉族、蒙古族,白种之有条顿、腊丁族是也。"①在《新地理》第六册中则写道:

> 当今之世,黄种最繁,白种最强。我国人民,皆黄种也,余则日就衰减矣。太古之人,穴居野处,茹毛饮血,所谓野蛮之民。越时既久,始有畜牧之业,家室之居,而民智固陋,民心涣散,所谓半开化之民。沿及近世,智慧发达,学术开通,道德高尚,政治完备,则所谓文明之民矣。今日世界之人,文明者存,愚昧者亡,乃自然之道也。②

在经历从清朝到民国的政治变革后,关于黄种的叙述发生了微妙的变化,人口"最繁"一词替代清末教科书常见的"半开化"一词,将黄种与红、棕、黑三种区别开来,但黄种是否已经成为"文明之民"呢? 文中的表述很暧昧。 有意思的是,在后来的修订版中,编者在"中国人文地理概要"一节中写道:

---

① 庄俞编:《共和国教科书新国文》第6册,上海:商务印书馆1912年6月初版,1920年5月第119版,第32页。
② 庄俞编:《共和国教科书新地理》第6册(高等小学校用),上海:商务印书馆1912年9月初版,第17页。

世界人民，黄种最为繁盛，而我国尤繁盛中之代表也。开化既早，学术奥深。惟多不适于今世。近年逐事变更，已日进为文明之民矣。苟能实事求是，共励进行，则语言、文字、宗教、政治、实业诸端，何患不臻优美之点哉。①

几年间，作为黄种的中国人俨然成为"文明之民"。高扬的民族主义情绪可以说是民国教科书有别于清末教科书的一个重要特点。新成立的中华书局在1913年刊行《新制中华地理教科书》，该书在介绍世界人分五种后称："五种中，欧罗巴种最强，差足颉颃者，惟我亚细亚种，余非奄无生气，即行将澌灭。物竞天择，优胜劣败，天演之公例也。"②

1915年，上海会文堂书局发行的《高等小学新国文范本》认为，部落和国家分别为人种进化的第一级和第二级："世界人种，分黄白红黑棕色五类。黄白二种，早已由部落而成国家，红黑棕三色人民，则未脱野蛮旧习，散为部落，甚且并部落而未成者。呜呼！优必胜，劣必败，红黑棕三种，民质陋劣，已渐归淘汰矣。"③在人分五种的序列里，白种为优胜劣败的正面教材，红黑棕为反面教材，黄种唯有发奋图强，方能免于落

① 庄俞编：《共和国教科书新地理》第4册（高等小学校用），上海：商务印书馆1912年6月初版，1913年7月订正第45版，1916年4月订正第105版，第13页。
② 史礼绶编：《新制中华地理教科书》七（高等小学校用），上海：中华书局1913年4月初版，1915年5月第4版，第4页。
③ 蔡郕编：《高等小学新国文范本》，上海：会文社1915年1月初版，第22页。

入红黑棕种被淘汰的命运。 这种叙述在 20 世纪 20 年代的教科书中仍不难见到。 如，陆费逵等编《新式国民学校国文教科书》写道："吾人黄种也，鉴于棕红黑三种之衰亡，将速筹自振之策乎? 抑甘蹈其覆辙乎?"①该书附有一张五种人图（见下图），图中着汉人装的男子与白人并肩而立。

《新式国民学校国文教科书》所附五种人图

晚清地理教科书多为小学教科书，关于人种的记述十分简单。 民国时期的中学地理教科书的记述限于知识传播，较为完整地呈现了 19 世纪的西方人种学知识。 如李廷翰编《中华中学地理教科书》第 1 册《本国地理》写道："人种学家，研究世界之种族，有主一元说者，有主多元说者。 一元之说，证据确

---

① 陆费逵等编：《新式国民学校国文教科书》第 7 册，上海：中华书局，1916 年 3 月初版，1921 年 3 月第 38 版，第 4 页。

凿，遂为世界学者所公认。 人类同出一源，其后因所居之地，气候不同，渐有改变，如居热地者，色多黑；温带者，黄；近寒带者，白；皆日光所致也。 今以皮肤及头盖骨，分之为五种。 一黄种，二白种，三黑种，四棕种，五红种。"①这段话堪称钱伯斯《人种志》的提要。 作者进而将五种人的特征、发源地、迁徙和人口列表如下②：

种名	外容	发源地	势力膨胀地	人数
黄色人种	额广稍偏平，眼小而位置稍斜，鼻中界限不甚清，发直而硬，须短，肤黄	亚	欧洲匈牙利土耳其	五亿八二〇〇
白色人种	额广，长鼻高，界限甚清，眼水平，发多而长，须柔而曲，肤白	欧亚非	势力几及全球	六亿七〇〇〇
黑色人种	额扁，鼻广而低，唇厚，发卷缩，无须，皮黑	非	——	一亿五〇〇〇
棕色人种	眼凹，额缩，鼻广而高低不一，口大，发直而粗硬，多须，肤褐色	亚		〇、九六〇〇
红色人种	额广，鼻隆准，颧骨高耸，无须，发浪形美，肤铜色	美		〇、一一六

① 李廷翰编：《中华中学地理教科书》第 1 册《本国地理》，上海：中华书局，1912 年 7 月发行，1919 年 1 月第 21 版，第 55—58 页。
② 李廷翰编：《中华中学地理教科书》第 1 册《本国地理》，第 58—59 页。

傅运森编撰的"中学用"《共和国教科书·人文地理》初版
于 1914 年，1925 年 1 月印至第 11 版。该书认为较动植物的
"种"，人群的差异不大，"盖人类本同为一种，因散处四方，
受种种影响，始有今日之殊异也"。"距今一百年前，有布鲁门
巴 Blumenbach 者，就人类身体差异之点，分为五种，嗣后仿之
者不少，皆不成功。"①该书详述布鲁门巴哈关于人种分类的四
个标准——头骨、身长、体色、毛发等。于此，19 世纪中叶以
来萦绕在中国人种叙述中的布鲁门巴哈清晰地"现身"了。不
过，布鲁门巴哈的"现身"不过是过去的回响，傅认为依据言
语划分人种，"实属至当"。②关于人种的区域分布，傅写道：
"向来区别人种者，其流派有二，一派用布鲁门巴之分类法，至
少分为六七种，一派用库维尔 Cuvier 之分类法，所分以三种为
度。"③文中的库维尔即"人分三种说"的倡导者居维叶。傅
运森首先铺陈布鲁门巴哈五种人——地中海人种、蒙古人种、
马来人种、亚美利加人种、阿非利加人种。"地中海人种"即
"高加索人种"，傅认为，"布鲁门巴称此种为高加索 Caucasian
人种，名之不当，固无待言。彼盖谓高加索地方，为人类发源
之地，且误认高加索人，为此人种之代表也。"④接着，傅指出

① 傅运森：《（中学用）共和国教科书·人文地理》，上海：商务印书馆 1914 年 5
　月初版，1925 年 1 月第 11 版，第 11 页。
② 傅运森：《（中学用）共和国教科书·人文地理》，第 13 页。
③ 傅运森：《（中学用）共和国教科书·人文地理》，第 14 页。
④ 傅运森：《（中学用）共和国教科书·人文地理》，第 14 页。

今日的人种学家在上述五种人之外添加三种：达罗维荼人（Dravidians）、巴布亚人（Papuans）、澳大利亚人（Australians）。达罗维荼人居住在印度南部及俾路芝（支）。巴布亚人色黑，居住在马来岛、菲律宾及太平洋诸岛，自新几内亚，东迄非支列岛，"多为马来人压迫，退入内部之山间"。① 澳大利亚人系非洲人和巴布亚人的混合。最后，傅运森简略地概观了居维叶人分白黄黑之三种说。至此，可以说在民国最初一二十年里的中学教科书载述了各种人种叙述，这些"公共知识"正是第一章叙述的 1936 年版《辞海》人种词条得以出现的背影。

三、"巴克"的想象

在近代人种知识的再生产过程中，围绕中国人种"西来说"，舆论曾沸腾一时，吸引了众多知识人的关心。②

中国人源于何处？ 对传统知识人来说，无论是根据历史记述，还是凭依神话传说，都是不言自明的。 对东来的欧洲传教

---

① 傅运森：《（中学用）共和国教科书·人文地理》，第 19 页。
② 参阅孙江《重审中国的"近代"——在思想与社会之间》，北京：社会科学文献出版社 2018 年版。

士来说，虽然在抵达前已有一些关于中国的片段知识，但当身临其境时还是为眼前的景象大吃一惊：在基督教文明之外居然还存在着文明？确实，如果翻阅历史记载，很容易得出18世纪的欧洲落后于同时代的中国。为了解决疑惑，一些传教士开始研究中国文明和人种的起源，是为"汉学"（Sinology）兴起的契机。

传教士首先从《圣经》传说诠释中国人种起源，结论是中国人是诺亚（Noah）长子瑟姆（Sem）的子孙，虽然栖息于亚洲东部，但并非孤立无援，和其他古代文明有着密切的关系。在18—19世纪，欧洲出现了各种关于中国人起源的假说——埃及说、希伯来说、中亚说、巴比伦说等。当19世纪末中国知识人涉足人种问题时，一如唐才常"通种说"所显示的，认为诸说皆为无稽之谈，相反，与其说中国人种源于西方，不如说人类始自中国。

进入20世纪，具体地说在1903至1905年之间，中国人种"西来说"突然成为热点，起推动作用的是在东京刊行的《新民丛报》。1903年，该刊连载了梁启超的学生蒋智由（观云）的长文《中国人种考》，文章介绍了法裔英国人拉克伯里（Terrien de Lacouperie）所著《中国古代文明的西方起源》一书关于中国人来自巴比伦的假说。拉克伯里认为，公元前2282年，两河流域的一个名叫 Nakhunte 的国王率领巴克族（Bak tribes）从迦勒底亚（Chaldea）出发，长途跋涉，移居黄河上游。接着巴克族一边四处征伐，一边散播文明，最后奠定了中国历史的基础。① Nakhunte 又作 NaiHwangti，系黄帝转音，巴克族即"百姓"（Bak Sings）。

蒋智由并没有读过拉克伯里的原著，是转引自日本两位业余历史学者白河次郎和国府种德所著的《支那文明史》一书。② 其实，在蒋文刊行前，《支那文明史》已有中文节译本，但与稍后出版的全译本一样，均没有产生多大影响，而蒋文之所以产生巨大影响，与《新民丛报》不无关系。 中国人种起源于当时被视为最古老的巴比伦文明，这唤起了倡言革命的知识人的好奇心和索隐癖。

刘师培（1884—1919）读过《支那文明史》若干译本。 在1903年出版的《中国民族志》里，刘师培写道："吾因此而溯汉族所从来，则中土儒书咸谓其始于盘古，而西书所记载复有巴枯民族之称，巴枯，盘古一音转耳。 盖世界人种之开化，皆始于帕米尔高原，故汉族初兴亦大抵由西方迁入。（中略）又谓中土文明本于迦耳底亚，语虽荒渺，理适相符。"③刘师培在1904年1月出版的《攘书·华夏篇》中有道："汉族初兴，肇基西土。 而昆仑峨峨，实为巴科（即巴克——引者）民族所发迹。（中略）汉土民人数典忘祖，制盘古创世之说，以溯汉族

---

① 观云：《中国人种考》（二），《新民丛报》第37号，1903年9月5日，第9—19页。 Terrien de Lacouperie, *Western Origin of the Early Chinese Civilisation from 2300 B.C. to 200 A.D.*, London：Asher, 1894.

② 白河次郎、国府種徳『支那文明史』、博文館、1900年。

③ 刘师培：《中国民族志》（1903年11月），《刘申叔遗书》，第603页。

之起原。"①1904 年 7 月，刘师培在《警钟日报》连载《思祖国篇》，认为昆仑以西的"加尔迭亚"即《华夏篇》所言及的祖国所在，"巴枯"即"盘古"，断言古代文献中所记述的"西王母邦"即西人所说的"亚西利亚国"。② 1905 年 5 月，刘师培在《古政原始论·国土原始论第一》中称："神州民族，兴于迦尔底亚。《史记·封禅书》曰：'泰帝兴，神鼎一。'《淮南子》曰：'泰古二皇，得道之柄。'泰帝、泰古者，即迦尔底之转音也。 厥后逾越昆仑，经过大夏，自西徂东，以卜宅神州之沃壤，皙种人民称为巴枯逊族。 巴枯逊者，盘古之转音，亦即百姓之转音也。"③

同一时期，章炳麟也关注中国人种"西来说"。 在 1904 年修订的《訄书》里，章写道："方夏之族，自科派利（即拉克伯里——引者）考见石刻，订其出于加尔特亚。 东逾葱岭，与九黎、三苗战，始自大皞（伏羲——引者），至禹然后得其志。征之六艺、传记，盖近密合矣。"④章炳麟是从音声比附加尔特亚："宗国加尔特亚者，盖古所谓葛天，（中略）地直小亚细亚南。"⑤何以见之？ "其实葛天为国名，历代所公。 加尔特亚

---

① 刘师培：《攘书·华夏篇》(1904 年 1 月)，《刘申叔遗书》631 页。
② 刘师培：《思祖国篇》，《警钟日报》1904 年 7 月 15 日—20 日。
③ 刘师培：《古政原始论·国土原始论第一》(1905 年 5 月)，原载《国粹学报》第四期。 转引自《国粹学报》第三册，广陵书社，第 210 页。
④ 上海人民出版社编：《章太炎全集》(《訄书》初刻本、《訄书》重订本、《检论》)，上海：上海人民出版社 2014 年版，第 169—170 页。
⑤ 上海人民出版社编：《章太炎全集》(《訄书》初刻本、《訄书》重订本、《检论》)，第 172 页。

者，尔、亚皆余音，中国语简去之，遂曰加特，亦曰葛天。"采用和刘师培同样的手法，他认为萨尔宫为神农，"古对音正合"。 在神农前期，有"伏戏"（伏羲），后期有"尼科黄特"（黄帝）和传授文字的"苍格"（苍颉）。 黄帝东来到达昆仑，"昆仑者，译言华（俗字花）。 土也，故建国曰华"，这就是中国古籍中所说的"天皇被迹于柱州之昆仑"。①

刘师培和章炳麟通过勘音释义，呼应了拉克伯里的"西来说"。 但是，中国文献最多只能证明中国人源于昆仑，而从昆仑山到巴比伦还存在广大的空间，这是"西来说"拥护者必须解决的课题。 对于这一矛盾，蒋智由和章炳麟的浙江同乡、光复会骨干陶成章在《中国民族权力消长史》中认为，《山海经》和《穆天子传》所载述的汉族"迁徙之陈迹"，可以印证拉克伯里的说法。 "据拉克伯里氏谓奈亨台王率巴克民族东徙，从土耳其斯坦经喀什噶尔，沿塔里木河，达于昆仑山脉之东方，而入宅于中原。 其说之果是与否，虽不可得而知，以今考之，我族祖先既留陈迹于昆仑之间，则由中亚迁入东亚，固已确凿不误。 由中亚迁入东亚，既已确凿不误，则其由西亚以达中亚，由中亚以达东亚者，亦可因是而类推矣。"②将"西来说"一分为二：由巴比伦到昆仑，由昆仑到中原。

---

① 上海人民出版社编：《章太炎全集》（《訄书》初刻本、《訄书》重订本、《检论》），第173页。
② 陶成章：《中国民族权力消长史》，汤志钧编：《陶成章集》，北京：中华书局1986年版，第258页。

1905 年,《国粹学报》在上海问世。 该刊骨干黄节在《国粹学报》的"叙"中频频提到"巴克族",但在《黄史》一文中却表达了不同的观点。 他写道:"近时学者谓:加尔特亚,盖即古所谓葛天,巴克者,盘古一音之转,西方称吾民族为巴克民族,巴克民族即盘古民族。"①关于加尔特亚即葛天,黄节注明是章氏的看法;巴克即盘古,系刘师培首倡。 接下来黄写道:"夫地名、人名重译不齐,审音比附,将毋可信。"如,里海西南隅有叫巴克的地名,昆仑又叫巴尔布哈,音与巴克尤近,而帕米尔诸吐番称其酋长曰伯克,这说明所谓巴克民族即昆仑民族。 而且,唐朝僧人法显西游时,曾发现此地衣食、风俗与汉族近,这说明汉族西来后,还保存着"祖国风尚"。② 黄节所说的"西方"不是巴比伦,而是帕米尔高原的昆仑山。

清末知识人关于"巴克族"的想象,经历了附会西来说(刘、章)、区分两个西来说(陶成章)到篡改西来说(黄节)的变化。 此后质疑越来越多。 宋教仁在 1906 年 12 月 29 日日记中写道:蒋观云所著《中国人种考》搜集诸说,文章散漫,虽主张汉族自西而来,但黄帝是否为迦底之帝廓特奈亨台,汉族是否即丢那尼安族,神农是否系塞米底族之吾尔王朝沙公,

---

① 黄节:《黄史》卷一,《国粹学报》第一期,《国粹学报》第三册(广陵书社),第 412 页。
② 黄节:《黄史》卷一,《国粹学报》第一期,《国粹学报》第三册(广陵书社),第 412—413 页。

尚无确切解释。① 1907 年，章炳麟在《中华民国解》中写道：
"世言昆仑为华国者，特以他事比拟得之。中国前皇曾都昆仑
以否，史无明征，不足引以为质。"②

四、进步或进化

综合本章和第三章的内容，似乎可以从中提炼出人种叙述
背后的两个关键词：进步与进化。

以理性和知识为基础而不断向前拓展的"进步"，在历史
叙述上表现为文明史叙事——有进有退有停滞。在人种叙述
上，进步话语表现为文明或开化，相反则是野蛮与半开化，钱
伯斯《人种志》就是按照这一主旨撰写而成的。③ 这种人种叙
事进入中国有两个渠道：一个是傅兰雅等在《格致汇编》上的
介绍，另一个是转自日本的地理教科书。与日本地理教科书介
绍西学人种知识的风格相对照，中国的地理教科书有的先讲黄
种后说白种，有的甚而强调黄种优于白种。

---

① 《宋教仁日记》，1906 年 12 月 29 日。松本英紀訳註『宋教仁の日記』、同朋
　社、1989 年、第 323—324 頁。
② 尽管章炳麟接着又说："然神灵之冑，自西方来。"这里的"西方"含义很暧
　昧。太炎：《中华民国解》，《民报》第 15 号，1907 年 7 月 5 日。
③ 〔美〕浦嘉珉：《中国与达尔文》，钟永强译，南京：江苏人民出版社 2009 年
　版，第 24 页。

虽然进步话语构成了人种叙述的底色，但清末革命者的人种叙述还萦绕着进化论的影子。达尔文进化论问世约四十年后进入中国。1897 年 12 月，严复译介的赫胥黎（Thomas Henry Huxley, 1825—1895）《天演论》问世后反响甚大，一时间"物竞天择，适者生存"成为论者的口头禅。外交官张德彝也关注进化论，在 1899 年日记中记下"杜尔文"（达尔文）"人近猴类"言说。①

回顾清末论述人种竞争的文本，1903 年刊行的邹容《革命军》堪称进化论色彩最为浓郁的一个。在革命乃"天演之公例"的逻辑下，邹容直白地表达了黄白二种在人种竞争中的优势。但是，黄种一分为二，有中国人种和西伯利亚人种之别，前者是"东洋史上最特色之人种"，后者包括满人，自然属于相反的一类，于此革命排满和人种竞争之间产生了一定的张力关系。值得一提的是，清末革命者口中的"演化"、"进化"未必尽是进化论，多是"进步"别称；革命者连呼的"种族"未必皆为人种叙事，实为"民族"隐喻。

关于"巴克族"的想象，说明在将中国人种置于进步的文明史叙事时遭遇了无法化解的困扰：本真性和外来性的龃龉。所谓"本真性"是指中国人种和文化具有跨越时间的不变的特质，它出现在既往的辉煌的文明史上，尘封于当今的浊世中。而"外来性"则指起源于西亚的巴克族（汉族）所具备的自我

---

① 张德彝：《六述奇》第 10 卷，见《稿本航海述奇》第 8 册，第 131 页。

进化与如同欧洲人一样的征服和同化能力。 就章炳麟而言，在
文明语境中强调汉族的"外来性"确实能发现汉族在文明-野蛮
序列中具有的强势。 但是，如果这一前提成立的话，作为征服
的外来族群，汉人就缺乏将同样是外来的族群从中原驱逐出去
的正当性。 章在《定复仇之是非》（1907）中说："诸夏之族自
帕米尔高原来，盗苗族所固有，而苗族曷尝不思排之？ 汉人排
满为正义，彼苗人之排汉者，亦独非正义欤？"[1]当觉察到汉族
的本真性与外来性之矛盾后，章炳麟毫不犹豫地放弃了曾为之
心动的"巴克族"。 1910年5月，章在《教育今语杂志》撰文
强调中国的学问不应跟着他人走，而要从本国语境和自己的心
得中去追求："法国人有句话，说中国人种，原是从巴比伦来。
又说中国地方，本来都是苗人，后来被汉人驱逐了。 以前我也
颇信这句话，近来细细考证，晓得实在不然。"[2]

从清末到民国，地理教科书的人种叙述风格依旧，但进化
论语句频频出现在中学地理教科书里，前揭傅运森《共和国教
科书·人文地理》写道："世界之人类，体格有强弱，肤色有黑
白，毛发有刚柔，文化有优劣，骤观之，似种类之不齐，有生
以来已然矣。 惟据进化论者之意，则谓人类本同出一源，后因
生计之各殊，与外界之影响，始有种族之差耳。"[3]

---

[1] 太炎：《定复仇之是非》，《民报》第16号，1907年9月25日。
[2] 章炳麟：《论教育的根本要从自国自心发出来》（1910年），见汤志钧主编《章
太炎政论选集》上册，北京：中华书局1977年版，第514页。
[3] 傅运森：《（中学用）共和国教科书·人文地理》，上海：商务印书馆，1914年
5月初版，1925年1月第11版，第9—10页。

第六章

『黄恐』

18 世纪欧洲人建构的基于可视的外在差异而来的人种知识，在资本主义世界体系形成过程中不断被自他再生产。

　　作为奴隶被贩运到美洲的黑人，在白人至上者（white supremacy）笔下被描绘为"猴子"。① 作为"苦力"到美洲和澳洲的中国人，甚至被视为"比上帝所创造的任何种族都要低劣"。② 这些歧视话语不是凭空制造出来的，而是有着理论化的知识体系作支撑的。 文化人类学家泰勒（Edward B. Tylor）在 1871 年刊行的名著《原始文化》中断定"未开民族"缺乏伦

---

① Peter Fryer, *Black People in the British Empire*, London: Pluto Press, 1988, p. 75.

② Frank Pixley, October 28, 1876, *Report of the Joint Special Committee to Investigate Chinese Immigration*, United States Senate, Forty-fourth Congress, 2nd session, Washington: Government Printing Office, 1877, p. 370. 吕浦、张振鹍等编译:《"黄祸论"历史资料选辑》，北京: 中国社会科学出版社 1979 年版，第 25 页。 该资料选辑面面俱到，排列有序，本书的相关译文直接引自该书。

理规范，智能低下，"比作幼儿再恰当不过了"。①

另一方面，中国劳动者的吃苦耐劳、高工作效率、低酬金等符合资本主义原始积累需求的品格，在使之成为白人资产者榨取的对象的同时，也引发了另一些白人的不安："一种外来种族占据了工人的全部位置，我国人口中有一个既不能赶走，也不能收留的阶层。"②当这种不安上升到国家和种族层面时，被白人至上者演绎为臭名昭著的"黄祸论"。

"黄祸"一词，英文曰 Yellow Peril，法文为 Péril jaune，德文称 Gelbe Gefahr，俄文叫 Желтая опасность，是对被称作黄种人的人群的蔑称。 1976 年，日本学者桥川文三在《黄祸物语》一书中感叹："中国人的人种歧视意识薄弱，但在所有地区却遭致歧视、嫌恶或被视为恐怖的存在，这不能不说具有反讽意味。"③以下，本章将接续桥川的问题意识，首先梳理"黄祸"话语的来历，继而以涉及中国的事象为中心析解"黄祸论"*的内在矛盾，最后概观中国知识界对"黄祸论"的批判。

---

① Edward B. Tylor, *Primitive Culture：Researchers into the Development of Mythology，Philosophy，Religion，Art，and Custom*, Vol. 1, London：John Murray, 1871, p. 27.

② John Rodgers, November 18, 1876, ibid. , p. 1022. 吕浦、张振鹍等编译：《"黄祸论"历史资料选辑》，第 39—40 页。

③ 橋川文三『黄禍物語』、筑摩書房、1976 年、第 258 頁。

一、 一幅寓意画

关于"黄祸"一词的来历，有不同说法，比较妥当的结论是，该词在 19 世纪末成为熟语。[①] 尽管如此，一提到"黄祸"，人们会联想到一幅作于 1895 年的寓意"黄祸"的版画，这幅版画涉及两个有表兄弟关系的末代皇帝——德国皇帝威廉二世（Wilhelm II）和俄国沙皇尼古拉二世（Николай II）。

1894—1895 年的中日甲午战争震撼中国和西方。 天朝大国居然败给蕞尔小国，令中国知识人蓦然发现学习西方的捷径，掉头东渡。 清朝签订的城下之盟《马关条约》将辽东半岛割让给日本，使得均分中国权益的西方列强感到不安，俄国纠合德国和法国迫使日本将辽东半岛归还给清朝，史称"三国干涉还辽"。

"三国干涉还辽"后不久，1895 年 4 月 26 日，德国皇帝威廉二世致函沙皇尼古拉二世，称赞其动员欧洲对日本采取的行动："教化亚洲大陆，并捍卫欧洲，使它不至被庞大的黄种人侵

---

① 飯倉章『イエロー・ペリルの神話——帝国日本と「黄禍」の逆説 』、彩流社、2004 年、第 49 頁。

入，显然是俄国未来的伟大任务。"①捍卫欧洲的什么呢？ 威廉二世在 7 月 10 日的信中写道："捍卫十字架和古老的基督教欧洲文化以抵抗蒙古人和佛教的入侵。"②威廉二世将围绕中国的日本和西方的霸权之争上升为人种和文明之争。 稍后，在威廉二世的授意下，画家赫尔曼·克纳科弗斯（Hermann Knackfuß）绘制了一幅版画，题为《欧洲人民，保卫诸位最神圣之物》（*Völker Europas*, *wahret eure heiligsten Güter*），此即一般所说的"黄祸图"。

威廉二世的草图

① *The Kaiser's Letters to the Tsar*，Copied from Government Archives in Petrograd，and Brought from Russia by Isaac Don Levine，Edited with an Introduction by N. F. Grant，London：Hodder and Stoughton，1920， p. 10. 吕浦、张振鹍等编译：《"黄祸论"历史资料选辑》，第 112—113 页。
② *The Kaiser's Letters to the Tsar*，p. 13. 吕浦、张振鹍等编译：《"黄祸论"历史资料选辑》，第 114 页。

威廉二世题赠尼古拉二世画,原件藏俄罗斯里瓦几亚宫博物馆

据英国皇家地理学会会员、伦敦英日协会理事会副主席戴奥西（Arthur Diósy）的诠释①，画中大天使米迦勒象征条顿民族，手拿发光宝剑，告诫欧洲诸国，祸患就在河对岸。 前排右首第一个女人隐喻德国，高大而健美，头盔上展翅的雄鹰俨如德皇卫兵的帽子；该女子身体前倾，似在聆听大天使的召唤。紧挨德国人的第二个人身穿鳞甲，头和背有熊皮，意指俄国；该女子手拿哥萨克长矛，友好地倚靠在德国人的肩头。 俄国人身后第二排右首第一个是法国人，手持尖矛，头戴共和国自由帽，凝视着远方。

画中间，胸甲饰有双头鹰纹章的是奥地利人，抓着英国

---

① Arthur Diósy, *The New Far East*, *With Twelve Illustrations from Special Designs by Kubota Beisen*, Cassell and Company, Limited, London, 1898, pp. 331 – 333.

人的手腕，似在劝说英国人加盟。英国人拿的是长矛，而不是象征其海上霸权的三叉戟。意大利人站在英国人的旁边，身穿罗马式胸甲，剑在鞘中。最后面站着的两个人较为独特，一个完全被遮住的或许是葡萄牙人，握着另一个人的手，后者可能是西班牙人，西班牙人手拿两支标枪。天上的十字架在这群人头上熠熠发光，光芒形成圣安德鲁的斜十字形（St. Andrew's Cross），这是俄国的标记，是俄国守护神的殉教器具。

在河对岸，空中有一条巨龙，在火焰中拨开风云前行；河岸和悬崖之间的城市，如果碰到风云，尖塔、圆屋顶、城堡必会遭致焚毁的命运。奇怪的是，寓意祸患的竟是佛陀。佛陀跏趺而坐，双手合十，在沉思静观。这是寓意画中最匪夷所思之处，可以说威廉二世及其御用画家并不了解东方。

关于这幅寓意画，威廉二世在9月26日给尼古拉二世的信中道出了出笼的经过：

> 我的想法发展成了某种形式，我就把这个形式在纸上画成一幅草图。我会同一位艺术家——一位第一流的画家——把它详细地描绘了出来，完成以后，已经付诸雕版，以供众用。

> 这幅画显出，欧洲列强以他们各自的护守天神为代表，被天上派下来的天使长米迦勒召集在一起，联合起来抵抗佛教（Buddhism）、异端（heathenism）和野蛮人

(barbarism)的侵犯,以捍卫十字架。重点放在所有欧洲列强的联合抵抗上,这对于反对我们共同的内部敌人无政府主义、共和主义和虚无主义同样也是必要的。我冒昧地送给你版画一幅,请你收下,把它作为我对你和俄国的热烈而真诚的友谊的一个纪念品。①

威廉二世旨在唤起欧洲进行一场涵盖宗教、文明和种族的战争,但逻辑混乱,以日本看,基督教在明治维新后成为西化知识人的标记,基督教和佛教何来你死我活之关系? 后文将论及俄国无政府主义者巴枯宁,他赞扬日本年轻而充满活力,正在西化途中,不同于衰老的中国。② 按威廉二世的逻辑,欧洲和日本的关系是不能置于文明与野蛮的构图中的。 进而中国也未构成对欧洲的威胁,即使有后来的义和团运动。 因此,寓意画的抽象意义在现实上找不到对应物。

十年后,寓意画的一个所指明确了。 1904—1905 年的日俄战争,以日本胜利、俄国战败而告终。 威廉二世对自己的先见之明不无得意,在给沙皇尼古拉二世的信中旧话重提,强调

---

① *The Kaiser's Letters to the Tsar*, pp. 18‐19. 吕浦、张振鹍等编译:《 "黄祸论" 历史资料选辑》,第114—115 页。

② Michel Bakounine, *La théologie politique de Mazzini et l'internationale*, Commission de Propagande Socialiste, 1871, p. 101.

"白种"与"黄种"的对峙。 但在一封信中，他却抖出了所谓"黄祸"的潜台词："由于日本在贸易商业的危险竞争，日本的贸易有非常低廉的劳动的支持，并且不需要支付长途运输的运费和通过苏伊士运河等费用。 通过苏伊士运河所需交付的款项，对于整个欧洲的商业来说，是一项很重的负担。"[①]所谓"黄祸"原来包藏着实实在在的利益，所谓宗教之战和文明之战，是保持经济特权的修辞。

对于这幅寓意画，中国方面的反应滞后，而日本几乎在当年或次年就已经知道，一些政治家、学者立刻予以反击。 别具一格的是，还在日俄战争期间，美术家、思想家冈仓天心即已看破了"黄祸"乃帝国主义的自画像，以本名冈仓觉三（Okakura-Kakuzo）在纽约出版了英文小册子《日本的觉醒》（*The Awakening of Japan*）。 在该书第五章，冈仓用"白祸"（White Disaster）批判西方列强，称列强不远万里来到亚洲，不是为了人民的福祉，而是为了商业利益。[②] 西方人虽然传播了科学、工商业、友爱等"新文明"，但亚洲人并不满足于此，他们有自己的取舍方式。 物质文明对于西方人来说谈不上幸

---

① *The Kaiser's Letters to the Tsar*，p. 211. 吕浦、张振鹍等编译：《"黄祸论"历史资料选辑》，第 123 页。
② 冈仓天心『日本の覚醒』、『岡倉天心集』、筑摩書房、1968 年、第 99—100 頁。

福,他们被自己制造的文明所驱使,进而失去了自由。 现在日本在文化上追随欧美,毋宁说其本身是"白祸"的受害者。 而中国自鸦片战争以来,深受英、法、德、俄之扰害,"当中国从苦痛中抬头喘息一下时,欧洲人就立刻大呼黄祸。 西欧的光荣正是亚洲的屈辱"。①

无独有偶,法国作家阿纳托尔·法朗士(Anatole France)在同年出版的长篇小说《在白石上》(*Sur la pierre blanche*)中有几段文字批判"黄祸",其中一段写道:"此刻我们发现了黄祸,而亚洲人遭遇白祸已有多年,夏官的掠夺、北京的屠杀、海兰泡的溺杀、中国的瓜分等等,这些难道不会让中国人感到不安吗? 旅顺口的大炮(指俄国军港——引者)难道会让日本人安心吗? 是我们制造了白祸,而白祸又制造了黄祸。 正是这一系列看似合理的关联使得某种古老的必然获得了神圣正义的外衣,并且带给人们对某些惊人之举的盲从,就像我们看着那个残酷对待中国人和朝鲜人的日本,那个与欧洲共谋中国的日本,反而把自己当成了中国的复仇者、黄种人的希望一样。"②法朗士把中国、朝鲜和日本区分开来,揭示了被装在"黄祸"这一话语装置中族群的差异性,该话语既有西方列强与日本的帝国主义之争,也有西方列强特别是日本对中国和朝鲜实施的侵略。

---

① 冈仓天心『日本の覚醒』、第102頁。
② Anatole France, *Sur la pierre blanche*, Paris: Calmann-Lévy, 1905, p. 212.

二、 帝国主义的恐慌

德文 gelbe Gefahr，意为"黄色恐惧"，用德国学者戈尔维策尔（Heinz Gollwitzer）的话就是"担心外国扩张的想像"。① 所谓"黄祸"，乃是担心失去帝国主义的既得权益。戈尔维策尔认为，"黄祸"是一种口号，"每当个人的经验和专业知识不足的时候，人们便迫不得已用缩写来进行思考"。② 审视"黄祸论"，白人至上者并非尽用"黄祸"这一缩写符号来思考，而是常常把自身对当下和未来的"恐惧"附着在人种等级化的话语上，借此赋予自身说辞以"合法性"。

虽然"黄祸"一词的诞生在 19 世纪末，但其思想远在数十年前的 19 世纪中叶即已蔓延。 对他者的恐惧有不同的逻辑，美国排斥华工彰显了资本主义逻辑的困境。

---

① ［德］H. 哥尔维策尔：《黄祸论》，北京：商务印书馆 1964 年版，第 18 页。Heinz Gollwitzer, *Die gelbe Gefahr：Geschichte eines Schlagworts*, *Studien zum imperialistischen Denken*, Ghöttingen：Vandenhoeck & Ruprecht, 1962, S. 20.

② ［德］H. 哥尔维策尔：《黄祸论》，第 7 页。 Heinz Gollwitzer, *Die gelbe Gefahr：Geschichte eines Schlagworts*, *Studien zum imperialistischen Denken*, S. 9. 关于"黄祸"语义的研究，参见 Richard Austin Thompson, *The Yellow Peril：1890 - 1924*, New York：Amo Press, 1978. Ute Mehnert：Deutschland, *Amerika und die "gelbe Gefahr"：zur Karriere eines Schlagworts in der großen Politik*, 1905 - 1917, Stuttgart：Steiner, 1995.

　　19世纪中叶，从中国到美国单程船票大约只需40美元，在资本劳动市场需求的驱动下，华工源源不断地登陆美国，在矿山、农场、铁路等处从事繁重的劳动。在这一过程中，白人中涌现出排斥华工的声音和运动。1876年7月，美国联邦国会参众两院为此成立联合特别委员会调查西海岸华工问题，最后形成了一千多页的报告书，收录了律师、军人、农场主等不同职业者的证词。

　　把实际利益附着在种族话语上的证词甚少，斯陶特（Arthur B. Stout）的《种族的不纯是衰退的一个原因》（"Impurity of Race as a Cause of Decay"）是其中不多的一个。这篇文章草成于1862年，定稿于1871年，时隔近十年。斯陶特认为，高加索人种（Caucasian race）具有体力和智力的优越性，遍布世界各地。作者承认，中国移民的到来是贸易需求所致，阻止移民有违美国宪法精神。但是，为了高加索白种人血统的纯正，"现在让我们想象一下二百年以后我国的情况。到那时，除了同美洲印第安人以及同黑人的混合种以外，亚洲人也会是已经有充分活动的自由；到那时——对民族来说，这段时间是很短的——中国人、日本人、马来人和蒙古人的每一个阶层都会布满我国的土地；到那时，他们将会生育出无数种的混血儿后裔。如同加利福尼亚州的蝗虫猖獗为害于农夫的田地一样，这一群一群的人将会使我们的国家退化"。① 在中国前

① Arthur B. Stout, "Impurity of Race as a Cause of Decay," ibid., p. 867. 吕浦、张振鹍等编译:《"黄祸论"历史资料选辑》，第13—14页。

后待过三年的海军少将罗杰斯（John Rodgers）持有同样看法，他根据有人对巴西的观察称："西班牙人和葡萄牙人是欧洲最为混杂的种族，他们在政治上落后于其他种族，不同人种的族类的混合乃是一种损害。"①

但是，在雇有四百多华工的农牧场主豪立斯特（William W. Hollister）看来，"在我的一生当中从来没有看见过比他们更好的人。"②反对混血的罗杰斯也承认这一点，但担心："中国有其贫穷、节俭、有才智、有教养而又非常勤勉的人口，是能够把人送来以满足加利福尼亚对于劳工的全部需要的。而且它在准备这样做。中国人在经过短时的学习以后，就能够很好地和廉价地制造我们的一切商品，管理我们的一切机器，播种和收获我们的全部田地，补我们全部的家庭仆人的缺。他们能够用自己廉价的劳动把薪酬较高的美国工人或欧洲工人从每一个工业部门中都给排挤出去。"③为此他提出应该想出两全的方法，既要吸纳中国的劳动力，又不能给中国人居留权并最终迫使每个中国人回国。

---

① John Rodgers，November 18，1876，ibid.，p. 1026. 吕浦、张振鹍等编译：《"黄祸论"历史资料选辑》，第 45 页。
② William Hollister，November 16，1876，ibid.，p. 1026. 吕浦、张振鹍等编译：《"黄祸论"历史资料选辑》，第 77 页。
③ John Rodgers，November 18，1876，ibid.，p. 1023. 吕浦、张振鹍等编译：《"黄祸论"历史资料选辑》，第 39 页。

为了扩大再生产，需要引入外来的廉价劳动力，但出于种族差异化的考虑，白人至上者又担心长此下去会失去自身的优越性，制约二者关系的是全球资本市场的生产与消费关系的变化。 在前文介绍的《欧洲人民，保护诸位最神圣之物》中，英国人的形象颇值咀嚼，奥地利人拉着其手，劝说英国人加入种族博弈；而英国人则踌躇不决，因为不愿意用手中的矛去刺杀一直跟自己做生意的老顾客——亚洲人。 1900 年，戴奥西请日本画家久保田米仙（Kubota Beisen）绘制的《真正的黄祸，中国的觉醒：一个预言》，反映了这一矛盾。

The Real Yellow Peril. China Awakened. A Forecast
原件藏国际日本文化研究中心

在上面的画中，留胡子的洋人在监督一群留辫发的中国人劳动。 房子里有几个人在做事务性的工作。 图左边三个站立的人中，最右边的穿着和发型颇似日本人，他左边的两个人正和他说话。 远处有几根大烟囱冒着黑烟。"四时发财"四字形象地揭示了资本主义追求最大利益的精神。 这幅画是久保田米仙为戴奥西《新远东》一书绘制的十二张插画之一，收录在"黄祸"一章中。 戴奥西说："如果我们只关心我们自己的利益，如果那种不分种族、不分国籍的博爱主义没有塞满我们当中的某些人的心，如果想从觉醒了的中国追求财富的贪心利欲没有激励另一些人，如果所有这些对立着的情绪没有使更多的人的头脑动摇，那末，我们就应该热烈地祈求让天朝永远继续保持昏睡状态。 一旦千百万中国人请来迄今一直被鄙视的西方科学的帮助，他们很快就会不满足于主要是为西方的利益而来利用它。"①

在"黄祸论"传布过程中，戴奥西不仅深度解读了《欧洲人民，请保卫诸位的神圣之物》，而且还普及了皮尔逊（Charles H. Pearson）在《民族生活与民族性：一个预测》中阐述的观点。 皮尔逊是历史学家，当过英国澳洲殖民地的官员，所写《民族生活与民族性：一个预测》初版于1893年，是一本最早阐述"黄祸"的著作，有可能影响了威廉二世。 在书中，皮尔逊宣称"低等种族人口的增殖，要比高等种族为快"。② 中国人口的扩张，将使有色的带子增长，如果

---

① Arthur Diósy, *The New Far East*, *With Twelve Illustrations from Special Designs by Kubota Beisen*, p. 339.

② Charles H. Pearson, *National Life and Character*, *A Forecast*, London and New York: Macmillan and Co., 1893, pp. 63 - 67.

黑色和黄色的带子侵占了地球,"当低等种族把自己提高到高等种族的物质水平的时候,高等种族有可能沦入低等种族的道德低下和心理消沉状态"。① 皮尔逊了解华人情况,认为"中国人像犹太人一样有适应能力","甚至比犹太人更为多才多艺,他们是极好的工人,作为士兵和水手也有其优点;同时他们还具有一种其他东方民族都不具备的经营贸易的能力,他们甚至不需要碰上什么天才人物来发展他们的光辉前途"。② 皮尔逊描绘了"黄祸"的现状,建构了"黄祸论"的轮廓。

三、 巴枯宁的异说

对中国人口众多的恐惧可以追溯到巴枯宁(Михаил Александрович Бакунин,1814—1876)。 巴枯宁的名字和"黄祸论"连在一起与日俄战争期间发表的署名伊凡诺维奇的《日俄战争与黄祸》文章有关,该文将巴枯宁视为"黄祸

---

① Charles H. Pearson, *National Life and Character, A Forecast*, p. 96.
② Charles H. Pearson, *National Life and Character, A Forecast*, p. 112.

论"的鼻祖。① 中文《"黄祸论"历史资料选辑》第一篇"资料"摘译自巴枯宁著《国家制度和无政府状态》（Государственность и анархия），编者也认同此一说法。

《国家制度和无政府状态》中有几段关涉"黄祸论"的言辞，常被论者引用。 巴枯宁写道："一些人认为，中国一国有四亿居民，另一些人则认为有近六亿居民，这些居民在这个帝国境内显然住得太拥挤了，于是现在便象阻挡不住的潮流，越来越多地成群结队向外迁徙，有的去澳大利亚，有的横渡太平洋去加利福尼亚，最后，还有大批人可能向北方和西北方移动。 那时会怎么样呢？ 那时，从鞑靼海峡到乌拉尔山脉和里海的整个西伯利亚边区转眼之间就不再是俄国的了。"②在另一处，巴枯宁写道："这就是简直不可避免的从东方威胁我国的危险。 轻视一群群中国人是无济于事的。 他们人口众多，就这一点，就够可怕的了。 他们之所以可怕，因为人口的过度

---

① Ivannovich, "Russo-Japanese War and the Yellow Peril," *Contemporary Review*, August, 1904, pp. 162-177. 吕浦、张振鹍等编译之《"黄祸论"历史资料选辑》将巴枯宁视为"黄祸论"的滥觞（第1页）。 饭仓章前揭书专章加以论述（第125—140页）。 岛田孝夫认为饭仓章曲解了巴枯宁的意思，参见岛田孝夫「バクーニンのアジア脅威論と日露戦争期の黄禍論——飯倉章『イェロー・ペリルの神話』をめぐって——」、『国際関係・比較文化研究』5（2）、2007年、第283—313頁。

② ［俄］巴枯宁：《国家制度和无政府状态》，马骧聪、任允正、韩延龙译，北京：商务印书馆1982年版，第108页。

繁殖使得他们几乎无法在中国境内继续生存下去了。"①"只要把这种训练和掌握新式武器、新战术的知识同中国人的原始野蛮行为，同他们身上缺乏任何人类抗议的概念、缺乏任何自由的本能的状态，同奴性十足的服从习惯结合起来，而在1860年最近这次英法联军进攻中国以后充斥这个国家的许多欧美军事冒险家的影响下，这些方面目前正在结合起来，如果再考虑到被迫去寻找出路的居民多得惊人，那末你们就会懂得从东方威胁我们的危险有多大了。"②上述文字与前文所述"黄祸论"内容大同小异，作为早期无产阶级革命者、无政府主义的创始人之一，巴枯宁何以会鼓吹一个族群（白种）对另一个族群（黄种）的歧视呢？ 这与美国白人至上者的资本主义逻辑是相同的吗？

巴枯宁出身于俄罗斯贵族家庭。 1848年参加法国二月革命。 1849年参加德国德累斯顿（Dresden）起义被捕，后被引渡到俄国并因另案被判死刑。 1857年巴枯宁被流放至西伯利亚。 1861年巴枯宁逃离西伯利亚，经日本到美国旧金山，再由巴拿马运河到纽约，最后转到欧洲。 1867年巴枯宁在日内瓦参加"和平与自由联盟"国际会议，提出打倒沙俄、建立欧洲合众国的主张。 在1873年《国家制度和无政府状态》出版

---

① ［俄］巴枯宁：《国家制度和无政府状态》，第109页。
② ［俄］巴枯宁：《国家制度和无政府状态》，第109页。

前，巴枯宁于 1871 年出版的《马志尼的政治神学与国际》(*La théologie politique de Mazzini et l'internationale*) 即有涉及 "黄祸论"的内容，其逻辑与上述美国排华中的资本主义逻辑不同，提出了超越资本主义困境的想法。如果不了解《马志尼的政治神学与国际》中的这一思想，就无法准确把握《国家制度和无政府状态》关涉"黄祸论"的真实意图。

《马志尼的政治神学与国际》成书于巴黎公社失败之后。其时，统一意大利的民族主义者马志尼对巴黎公社多有揶揄，巴枯宁著书批判马志尼的民族运动。在书的最后几页笔锋一转，认为要解决欧洲当下的困境，唯有以自由、平等、正义、团结等原理建立一个伟大的联邦共和国 (une grande République Fédérative)，如果这个共和国加上美国和澳洲，人口将达到 3.4 亿到 3.5 亿。但是，仅仅如此还不够，因为在人道主义的联邦之外，还有 8.5 亿人口的亚洲人，"其文明更确切地说是传统的野蛮与奴隶制度，将继续构成对自由的人类世界的全部伟大组织的可怕威胁"。① 亚洲人口众多，被视为国家、专制、宗教的发祥地，这恰是无政府主义者深恶痛绝之处。巴枯宁将亚洲人比喻为狮子和老虎：

　　如果亚洲只是凶猛的野兽，如果欧洲只是面对着几亿

---

① Michel Bakounine，*La théologie politique de Mazzini et l'internationale*，pp. 96 - 97.

只狮子或老虎的入侵,这种危险无疑是非常严重的,但与今天真正受到威胁的危险比较,尚不能相提并论。由于亚洲有8亿至8.5亿凶猛的人,他们能够组成国家,已经形成了庞大的专制国家,并且早晚不得不将他们多余的人口倾泻到欧洲。如果它们只是野兽,即便数量是欧洲人的两倍,欧洲人无疑可以竭尽全力予以摧毁。但要摧毁8亿人,他们将束手无策。[1]

巴枯宁认为即使英国和俄国一时奴役亚洲,最后也必不能得逞,因为奴役他者必须以牺牲自我的自由为代价。而且,亚洲诸民族还可以利用英俄之间的博弈谋求勃兴之道,最终威胁整个欧洲。那么,能否打破这种难局呢?能。"使亚洲文明化"(Civiliser l'Asie)。[2] 巴枯宁的"文明化"或"教化",不是资本主义的商业化、传教和征服,而是无政府主义倡导的正义、自由、平等,是要用人道之光照亮黑暗野蛮的亚洲。

曾经在美国短暂逗留的巴枯宁了解美国排华涉及人口问题,他写道:"我想说的是,成千上万的中国工人,他们在如今天朝人口过剩的推动下,去遥远的国度——澳大利亚,尤其是加利福尼亚——寻找面包。他们没有受到美国工人的欢迎和好评,这是很自然的:习惯了悲惨生活的中国工人,可以更便宜

---

[1] Michel Bakounine, *La théologie politique de Mazzini et l'internationale*, p. 99.

[2] Michel Bakounine, *La théologie politique de Mazzini et l'internationale*, p. 103.

地出卖自己的劳动力，与美国工人的劳动力进行非常危险的竞争。 另一方面，他们从小就习惯于最严酷的奴役——因为这是东方宗教的基础——以及各种虐待。 由于这两方面原因，中国工人受到老板的青睐。 美国和欧洲的老板就像所有被置于指挥位置的普通人一样，自然或多或少就是暴君；他们热爱工人的奴隶制，憎恨他们的反抗。 这正是事物的本质。"①巴枯宁尖锐地指出美国排华的实质：来自中国的廉价劳动者受到美国资产者的欢迎，而与美国工人形成对立关系。 他继续写道："中国工人节制而忍耐、具足奴性、拥有熟练的技术，这些都是使他们受到老板们欢迎的品质。 但正是由于这一事实，他们不仅在工资上，而且在道德和人类尊严上贬低了美国工人的劳动，从而也贬低了他们全部的经济和社会地位，由此导致美国工人对中国工人的仇恨日益加深。"②

巴枯宁认为，美国工人要想将数十万中国人逐回大洋彼岸绝非易事，而且中国工人业已组织了秘密防卫团体，反对美国工人的迫害。 "毫无疑问，这些中国工人的存在和竞争如今对美国工人造成了诸多不便，但这对中国来说是有益的，因为这几十万中国工人今天正在澳大利亚和加利福尼亚学习自由、尊严、权利和人类尊重。 我们已经看到，他们效法美国工人，

① Michel Bakounine，*La théologie politique de Mazzini et l'internationale*，pp. 108 - 109.
② Michel Bakounine，*La théologie politique de Mazzini et l'internationale*，p. 109.

组织了几次旨在提高薪酬和改善劳动环境的罢工。"①也即，中国工人已经开始以所在国的法律来维护自己的权益。 巴枯宁认为这是华工迈向真正解放的第一步，今天在美国和欧洲发生的工人抗议，可以期待将来波及东方。 "只有以此为代价，欧洲才有可能获得拯救。""这就是东方斯芬克斯今天强迫我们猜的谜，如果我们猜不出来，它就会吞噬我们。"②在结论处，他写道："人类在欧洲、美洲和澳大利亚取得的胜利还远远不够。 还必须深入到那个昏暗而神圣的东方，赶走关于神性的最后记忆。""这就是终极目标，这就是人类的绝对道德。"③

由上可见，巴枯宁一方面在资本主义的劳动制度中谈论"黄祸论"，另一方面出于对资本主义的批判，又提出了通过各国劳动者的团结（la solidarité）来打破"黄祸"的方法，具体而言，是建立基于团结劳动、科学理性、人类尊重、正义、平等与人类自由的组织。

① Michel Bakounine, *La théologie politique de Mazzini et l'internationale*, pp. 109 – 110.
② Michel Bakounine, *La théologie politique de Mazzini et l'internationale*, pp. 110 – 111.
③ Michel Bakounine, *La théologie politique de Mazzini et l'internationale*, p. 111.

四、"黄祸论"之谬

"黄祸论"喧嚣数年后，于 20 世纪初成为中文媒体上的话题，这和发生在中国的两起事件有关："庚子之变"和"日俄战争"。

1900 年 6 月，慈禧太后以一纸上谕开启了与八国联军的战争，最后以惨败而告终。 1901 年《辛丑条约》为这场战争画上了句号。"庚子之变"刺激了"黄祸论"的高涨。 围绕如何维护列强在华利益，长期担任中国海关总监的赫德（Robert Hart）清醒地认识到，"黄祸"（"yellow peril"）——中国的崛起，"就像太阳明天将会升起"，问题是如何才能推迟它的出现，或者当其出现时如何与之博弈并取得胜利。① 西方列强比较一致的态度是，要消除义和团所依托的排外风习，就要促使中国推进近代化，而清政府推行的"新政"反映了这一要求。

如果说，文明化也即西方化能够克服列强的恐慌的话，那么，"黄祸论"又遭遇到另一重的挑战。 1904 年 2 月 8 日，日本海军偷袭旅顺港俄国舰队，挑起了日俄战争。 这场主要在中

---

① Robert Hart, *These from the Land of Sinim*, London: Chapman & Hall, 1901, p. 50.

国领土上进行的西方旧帝国和东方新帝国之间的搏杀,以次年9月签订的《朴茨茅斯和约》而告结束。 从上文德国皇帝威廉二世致俄皇尼古拉二世的信可见,这场新旧帝国主义之间的利益之争,在西方舆论中被描述为黄白人种之争;而在陶醉于胜利中的日本,很多人也乐于将战争视为黄种人对白种人的胜利。 1924年11月28日,孙中山在神户作关于"大亚细亚主义"的演讲时,提到日俄战争期间他乘船经过苏伊士运河,当地阿拉伯人兴奋地向他提起黄种的日本战胜白种的俄国的事情。① 孙以这段插曲告诫日本:你们提倡亚洲主义,不是说要振兴亚洲黄种,使之不再受欧美白种的欺凌吗? 缘何不放弃对亚洲(中国)的侵略? 孙中山演讲中关于"王道"与"霸道"的辨析清晰地展示了这一意图。 如果换一个角度看,孙中山对日本人的告诫说明他对种族战争一无兴趣,更遑论"黄祸论"了。②

概观中文媒体中关于"黄祸论"的文章,消息基本来自日本报刊;即使有些标明摘自欧美报刊,其实也是经由日本传来的。 从"转译"的言辞可见,媒体是以一种旁观者的姿态介绍"黄祸论"的,而且这类消息大多淹没在众多的其他消息中。 中国人有关"黄祸论"的知识是零散的,如《中外日

---

① 孙中山:《对神户商业会议所等团体的演说》(1924年11月28日),《孙中山全集》第11卷,北京:中华书局1986年版,第402—403页。

② 当然也有借赞美日本(黄祸)对俄国(白种)的胜利,叹息中国的"睡狮"未醒。 闻冠尘:《文苑:黄祸叹》,《醒狮》第3期,1905年,第110—111页。

报》1903 年 11 月 19 日的社论批判"黄祸论"道:"非将亚洲之地尽取而为己有,不足以快其吞并之心;非令亚洲之人尽服从于欧美,不复有反侧之思,不足以遂其兼罗并包之念。""更试就中国言之,以土地之广如彼,人民之众如彼,物产之富如彼,使人各尽其智以从事于地方自治,则使其国之强如欧美可也;使人各尽其材于铁路、矿务及农商工艺,则使其国之富如欧美可也。"[1]《日新学报》1904 年 6 月刊发《宇内近事:咄咄黄祸》一文,指斥:"现为患于世界者,非白种患,则斯拉夫种患耳。黄人不如斯拉夫暴逆非道,黄人以正义平和为理想,黄人所佩之剑,非为战斗,为平和也"。[2] 这些言论无疑均为正论,但对"黄祸论"的批判缺乏力度,更没有戳破"黄祸论"所内含的矛盾。中国人得知威廉二世授意绘制的"黄祸图"似乎也是经由日本的。鲁迅 1908 年所撰《破恶声论》有一段话常为论者引用:"倡黄祸者虽拟黄人以兽,顾其烈则未至于此矣。"也即,白人说黄人是野兽,其实黄人根本不配。即便人应"勇敢有力,果毅不怯斗",也不该"用以搏噬无辜之国"。[3]

尽管如此,也有为数不多的颇具深度的批判,孙中山是一个。在神户演讲前整整二十年,1904 年 11 月 28 日,孙中山

---

[1] 《论西报谓白人宜查究黄种联盟事》,《中外日报》光绪三十九年十月初一日。
[2] 《宇内近事:咄咄黄祸》,《日新学报》第 1 篇,1904 年 6 月,第 227—228 页。
[3] 鲁迅:《破恶声论》(1908 年),《鲁迅全集》第 8 卷,北京:人民出版社 2005 年版,第 36 页。

在美国作了题为《中国问题的真解决》的演讲。孙中山显然注意到皮尔逊宣传白人至上的种族主义著作，他在讲演中说："中国拥有众多的人口与丰富的资源，如果它觉醒起来并采用西方方式与思想，就会是对全世界的一个威胁；如果外国帮助中国人民提高和开明起来，则这些国家将由此而自食恶果；对于其他各国来说，他们所应遵循的最明智的政策，就是尽其可能地压抑阻碍中国人。一言以蔽之，这种论调的实质就是所谓'黄祸论'。"孙中山认为，从道德层面上看，"即一国是否应该希望另一国衰亡"。在政治上，中国人勤劳、和平、守法，"如果他们确曾进行过战争，那只是为了自卫"。只有成为他国野心的工具的时候，才可能是威胁；只要中国"自主"，就不会被他国利用，"他们即会证明是世界上最爱好和平的民族"。而从经济观点看，"中国的觉醒以及开明的政府之建立，不但对中国人，而且对全世界都有好处"。如此一来，"黄祸"（yellow peril）则可变成"黄福"（yellow blessing）。① 在孙中山看来，没有一个国家有权利阻止另一个国家发展，如果列强不干涉中国的内政，中国不但不会对任何国家构成威胁，反而有利于全世界。

当日俄战争令"黄祸论"甚嚣尘上之时，《中外日报》发表

---

① 孙中山：《中国问题的真解决——向美国人民的呼吁》（1904 年 8 月 31 日），《孙中山全集》第 1 卷，北京：中华书局 1981 年版，第 253—254 页。英文原文："The True Solution of the Chinese Question,"《国父全集》，台北："中国国民党党史委员会"1973 年版，第 118—119 页。

的一些社论也颇具深意。 1904 年 2 月 13 日题为《论日俄之战之益》的社论,在战争伊始即预判了胜负:"乃国家强弱之分,不由于种,而由于制,黄种而行立宪,未有不昌,白种而行专制,未有不亡。 今日地球上黄人立宪之国惟一日本,白人专制之国亦惟一俄罗斯,而此二国适然相遇,殆彼苍者天,特欲发明此例以开二十世纪之太平,未可知也。"① 社论不是以人种差异,而是按照制度优劣来判定胜败的,暗示与俄国同为专制的中国如果不奋发图强,也会遭遇同样失败的命运。② 1904 年 10 月 27 日《论黄祸专指中国》社论写于战争结束不久,指出"黄祸"语义业已变化,"国界之见重,而种族之见轻"。 一个本应凸显民族国家的时代,之所以会出现种族话语,社论认为"实今之治生物学者导之使然"。 在战争中,西人的"黄祸"指日本,战后语义发生了变化,"乃指战胜后联合中国之日本言"。 文章告诫清政府在与日本交涉时,"其远近离即,当需格外小心,盖有黄祸之说,以乘其间也"。③ 从上述两篇社论的旨趣看,作者秉持第三者立场,把"黄祸论"视为列强之间博弈的话语,强调中国应置身于外,而不要被日本人创出的种族话语——"同文同种"——所迷惑。

在白黄黑人种三等级或白黄棕红黑人种五等级分类中,

① 《论日俄之战之益》,《中外日报》光绪二十九年十二月二十八日。
② 《论黄祸》,《中外日报》光绪三十年二月五日。
③ 《论黄祸专指中国》,《中外日报》光绪三十年九月十九日。

"白"被置于最高，属于文明；"黄"被置于其次，介于文明与野蛮之间，系半文明；其他被置于野蛮的位置上。吊诡的是，伴随白种霸权在全球范围的膨胀，西方列强竟对被其蔑视的黄种产生恐惧，进而生产出一套"黄祸"话语。

"黄祸论，即使一言以蔽之，也有很大的差异：既有中国人口众多，可以此侵袭西方，也有日本和中国联手侵袭西洋，还有日本率领中国侵袭西方。"①19世纪后半叶美国排华案中关于华工的证词，1895年威廉二世授意绘制的寓意图，分别展示了"黄祸论"的两个面向，前者突出的是经济问题，后者彰显的是政治问题，于此可见所谓"黄祸论"，既反映了资本主义生产的内在矛盾，也是帝国主义的政治修辞。在此，以可视的差异为特征的人种俨如空洞的符号，可填入不同的修辞，是白人至上者把资本主义竞争和生产的矛盾带入国际政治的产物。但是，无政府主义者巴枯宁关于"黄祸论"的异说，引入了一个非资本主义的解决方案，即工人阶级通过联合超越由生产-消费矛盾而产生的"黄祸"。

如果说日本作为后起的帝国主义，被老牌西方帝国主义视为"黄祸"符合帝国主义自身的逻辑的话，深受帝国主义侵凌的中国被说成"黄祸"则令时人茫然，这应当是桥川所说的中国人对"黄祸论"反应滞后的一个原因。当然，所谓滞后，是

---

① 廣部泉『人種戦争という寓話——黄禍論とアジア主義』、名古屋大学出版会、2017年、第3頁。

与"黄祸论"在日本掀起的波澜相比较而言——中国方面并非没有反应，只是缺乏有力的批判。 反过来说，这种微弱的反应说明，"黄祸论"——实则是"白祸论"，不过是帝国主义之间博弈的修辞，与中国无关。

第七章

主义

面对来自欧美的"黄祸论",被视为"黄种"的日本,在全盘接受差异化的人种知识并进行再差异化的同时,也逐渐产生出一种对抗的人种原理:亚洲主义(Asianism)。

亚洲主义,又名亚细亚主义、大亚细亚主义,作为政治化的 ism,亚洲主义由于和日本对亚洲的侵略丝丝相连,被批判为助长日本侵略中国的意识形态。 另一方面,如果回看 19—20 世纪之交的亚洲,亚洲主义曾一度对中国、朝鲜、越南、印度等知识人产生了很大的吸引力,其原因一如以研究鲁迅著名的竹内好所说,亚洲主义含有与亚洲其他国家"连带"的诉求。[1] 确实,亚洲主义不是以直接彰显日本的民族主义(nationalism)的"独善"方式展开的,而是裹上了一层以亚洲、文明、种族为特征的超域民族主义(trans-nationalism)的形式。

---

[1] 竹内好「日本のアジア主義」(1963 年 7 月)、『日本とアジア』、筑摩書房、1993 年。

一、"金色"的亚细亚

　　明治日本的言论界，在文明开化下如何对待日本身处的亚洲，分裂为两个截然对立的阵营：脱亚论与兴亚论。"脱亚论"的旗手福泽谕吉有"我国等待邻国的文明开化，一起来振兴亚细亚"的豪言。① 但在此之前，日本要谢绝与近邻来往。因此，福泽的亚洲观是从"文明-野蛮"的世界认识图式里推演出来的，表现为思想上对落后的亚洲的蔑视。

　　另一条是"兴亚论"的路径。 樽井藤吉在用汉文写就的《大东合邦论》中提出日本和朝鲜平等地合为一邦后与中国结盟，同西方白种人进行"人种竞争"。② 被称为亚洲主义"先觉者"的荒尾精大约在1892年写道："支那是亚细亚大竞争的目标点，亚细亚大竞争的目标点亦即世界大竞争的中心。""支那和我国是唇齿相依、辅车相保的关系。"③荒尾精在上海建立"日清贸易所"，是为后来的"东亚同文书院"的前身。 东亚

① 「脱亜論」、『福沢諭吉全集』第10卷、岩波書店、1970年。
② 樽井藤吉『大東合邦論』、長陵書林、影印本、1975年。
③ 荒尾精「日清両国の関係」、靖亜神社先覚志士資料出版会編『東方齋荒尾精先生遺作覆刻出版』、1989年。

同文书院、大陆浪人等成为日本在经历了"文明开化"后反西方的亚洲主义的符号。 以下，以中国读者较为熟悉的内藤湖南为例，观察亚洲主义话语中的"人种"面相。

内藤湖南（1866—1934）出身于秋田儒学世家。 1885 年从秋田师范学校毕业，1887 年离开家乡前往东京，成为《明教杂志》的编辑。《明教杂志》是一个弘扬佛教的言论场，在明治初期盛行一时的"毁佛灭释"后独树一帜。 1890 年，内藤加入政教社，先后参与编辑《日本人》《亚细亚》等。 政教社是 1888 年成立的政治团体，张扬"国粹主义"。 在论及内藤的早期思想时，日本学者习惯对其言论之变化进行线性的理解，如池田诚在指出内藤思想与同时代"国粹"（nationality）思想的关联时，用"文化民族主义"概念来图解内藤思想。① 本书则聚焦于其著述所呈现的意涵。 内藤一如跟随师傅修行的徒弟，言行受制于所编刊物的性质，他以实名或匿名撰写的文章罕有彰显个人好恶的。 在这些文章中，有数篇展示了他对东洋或亚洲的认识。

1890 年 12 月 23 日，《日本人》刊登了未署名的《亚细亚大陆的探险》，开篇第一句话写道："在现在未来的浑圆球

---

① 池田誠「内藤湖南の国民的使命観について——日本ナショナリズムの一典型」、『立命館大学人文科学研究所紀要』第 13 号、1963 年 3 月、第 52—92 頁。

上，相互对抗的必是银色人种与金色人种"。① 与当时通行的白种人对黄种人的人种对抗表述不同，内藤使用银色人对金色人，金优于银，凭色彩立判高下。 银色人种发明了蒸汽机、电气等，拓土殖民，所向披靡。 到19世纪中叶，金色人种不甘于银色人种将亚细亚洲变为自己的"坟墓"，内藤声称"亚细亚洲里的事情应该由亚细亚人来支配，欧罗巴洲里的事情应该由欧罗巴人来处理，这可谓各尽其天职"。② "亚细亚洲里的事情应该由亚细亚人来支配"是典型的亚洲主义者的说辞；所谓"天职"云云，则是甲午战争期间流行起来的日本民族主义话语，追根溯源，在内藤文章发表的前一年（1889），陆羯南就在《东洋第一先进国》中声言日本要尽到"作为东洋诸国师表的天职"。③ 在内藤文中，"天职"一词共使用了四次，强调这是日本在"人种竞争"时代不可推卸的责任。 通过竞争——进行亚细亚探险，将日本的"气势扩散到东洋"，解决"东洋问题"。④ 研究政教社的专家中野目彻认为，内藤该文受到同年3月《日本人》上连载的《亚细亚经纶》一文影响，后者认为岛国日本必须取代"停滞腐朽"的清朝——这是"东洋的中

---

① 「亜細亜大陸の探検」、『日本人』第63号（1890年12月13日）、『内藤湖南全集』第1卷、筑摩書房、1970年、第535頁。
② 「亜細亜大陸の探検」、第535頁。
③ 陸羯南「東洋に於いて第一の先進国」、『日本』第1号（1889年 2月11日）、『陸羯南全集』第二卷、みすず書房、1969年、第198頁。
④ 「亜細亜大陸の探検」、第535—538頁。

心市场""世界未来的工业地"。① 两相比较，论旨虽同，但论证方法大异，可以说内藤引申了陆羯南的"天职"说。

在离开政教社前，内藤所撰《赠渡米僧序》《重赠渡米僧言》《送渡米僧杂言》等是理解其文化/文明意涵的重要文章。这三篇文章收入《内藤湖南全集》第一卷，标明作于1893年，似为未刊私人信件。 1893年9月11日，"万国宗教大会"在美国芝加哥召开，日本佛教界、神道界和基督教界的代表与会，佛教界的参会人有释宗演（铃木大拙师）、八渊蟠龙、芦津实全、土宜法龙等②，内藤的文章是写给与会佛教界的代表的。 内藤此前参与编辑《明教杂志》，似乎与其中的僧人有直接或间接的交往。 与上述《亚细亚大陆的探险》强调"人种竞争"不同，内藤在《赠渡米僧序》文中主要谈如何与欧美进行"文明"对抗。 在内藤那里，除偶尔泛泛使用"文明"（如"世界文明"）外，"文明"具体指"物质文明"和"欧土文明"，是以基督教为基础形成的"白人"的"文明"，相对应的是"黄人"的"东洋"。 "东洋"具体表征为"佛陀之法、儒者之教、至美之意"，是内在的，高于外在的"欧土"。 内藤认为，白人在占领印度的圣地后，接触到了

---

① 中野目徹『明治の青年とナショナリズム』、吉川弘文館、2014年、第115頁。

② John H. Barrows, ed., *The World's Parliament of Religions: An Illustrated and Popular Story of the World's First Parliament of Religions, Held in Chicago in Connection with the Columbian Exposition of 1893*, Vol. 2, Chicago: The Parliament Publishing Company, 1893.

"古东洋思想的神理","这一百年,南方的小乘之教已经以其精致确实而俘获欧人之心,在被物质文明蹂躏、失去准则的社会,可以作为个人自身觉悟的正道之法"。但是,欧土的学者认为"大乘非佛教",作为最大的大乘国家,日本有责任向西人宣播大乘佛法,这是关乎"大乘的弘布能否成功"的大事。① 在《重赠渡米僧言》一文中,内藤具体论述对白人宣扬大乘佛教的意义,指出西人正因为热心希腊、罗马等才得以有18 世纪以后的崛起,现在西人又热心于"东洋古文物",试图将其与西方的"古文物"融合。这里的"古文物"即"文化"之意,不仅指外在的物质性的东洋,更是指内在的精神性的东洋,用内藤的话就是印度佛教的"秘密特性"、中国儒教的"礼仪特性"和日本人的"趣味特性",而这三者恰能补足"西欧之缺乏","以此使世界开化大成,或为天之明命之处"。② 因此,内藤希望参加"万国宗教大会"的佛教代表不要以西洋的"理学"来讲述佛法的奥妙。③

由以上可见,亚洲主义的"人种竞争"不仅仅止于人种对抗,还体现在文化、政治、经济等方面,换言之,如果撇开了这些内容,所谓人种对抗也就没有实质意义了。

---

① 「贈渡米僧序」(1893 年)、『内藤湖南全集』第 1 卷、第 343 — 345 頁。
② 「重贈渡米僧言」(1893 年)、『内藤湖南全集』第 1 卷、第 347 頁。
③ 「渡米僧に贈る雑言」(1893 年)、『内藤湖南全集』第 1 卷、第 350 頁。

二、 孙中山的想象

清朝第一位驻日公使何如璋是较早接触亚洲主义并予以积极回应的。 1880 年，日本"兴亚会"成立不久，主要成员曾根俊虎将该会宗旨介绍给何，何阅毕对"同文同种""辅车相依""黄种人反抗白种人"一类的说词深表赞同。[1] 梁启超也十分认同"同洲同文同种"之说[2]，介绍过樽井藤吉的《大东合邦论》。 戊戌变法期间，任翰林院编修的蔡元培在读到《大东合邦论》后，慨叹"引绳切事，倾液群言，真杰作也"。[3] 1898年 4 月，日本驻上海总领事小田切万寿之助与中国的维新派发起成立"上海亚细亚协会"，倡言"联中日之欢，叙同文之雅"，迈出了"兴亚"实践的第一步。[4] 戊戌政变后，亡命日本的梁启超在横滨创办了《清议报》。 他在该报第一期《叙例》里所列的四项宗旨中有两条涉及亚洲主义，即"交通支那

① 「欽差大臣何公使と曽根氏の談話」、転見伊東昭照『アジアと近代日本——反侵略の思想と運動』、社会評論社、1990 年、第 24—25 頁。
② 丁文江、赵丰田编：《梁启超年谱长编》，上海：上海人民出版社 1983 年版，第 163—165 页。
③ 高平叔编：《蔡元培全集》第 1 卷，北京：中华书局 1984 年版，第 79 页。
④ 王晓秋：《近代中日启示录》，北京：北京出版社 1987 年版，第 91 页。

日本两国之声气，联其情谊"；"发明东亚学术以保存亚粹"。

提到近代中国对亚洲主义的反应，人们常会联想到孙中山。 的确，孙中山不仅在其"排满"革命实践中同日本的亚洲主义者过从甚密，而且还留下了有关亚洲主义的言论。 孙中山和清末许多知识人一样，基于黄种人对抗白种人的种族情感，为明治日本的崛起而欢呼。 但是，作为一个为建立近代民族国家而奋斗的革命者，孙中山的亚洲主义话语蕴含着近代国家与超国家之间的紧张关系，理解这一紧张关系有助于把握孙中山的亚洲主义话语内涵。

1897 年第二次亡命日本期间，孙中山与宫崎滔天初次见面。 在谈及中国革命和日本的关系时，孙中山曾有"救支那四万万苍生，雪亚东黄种之屈辱，恢复宇内人道"等语。[①] 清朝覆灭、中华民国成立后，孙在下野后的反袁斗争中也不断提到亚洲主义。 面对日本不断扩张其在华的政治、经济利益，孙却不断提到亚洲主义，一方面意欲唤醒日本人对亚洲主义原初意义的记忆，另一方面旨在使日本在亚洲主义的语境里与其革命发生连带关系。 1913 年 3 月 11 日，孙在日本大阪基督教青年会上所作的演说中，首先强调基督教的博爱精神和儒家的四海之内皆兄弟的共同点，继而第一次直接使用"大亚洲主义"一语，他说："日本的文明系统和民国的文明系统是同一的"，"以

---

① 《孙中山全集》第 1 卷，北京：中华书局 1981 年版，第 174 页。

亚细亚人来治理亚细亚"。①

　　但是，鉴于日本与西方列强共同参与对中国的掠夺，以及孙中山孤立无援的革命屡遭挫折，他对日本很失望。第一次世界大战爆发后的1916至1917年之间，孙中山的亚洲主义叙述发生了微妙的变化，在上海接受日本记者采访时，虽然一再强调中日两国在思想上（东洋的道德）和感情上（历史上的"兄弟"关系）黄种人"亲善"的老调，但又很明确地批评日本追随列强对中国的"利益均沾"政策。② 1917年春，朱执信受孙中山之意执笔发表了《中国存亡问题》一文，该文除了论述亚洲主义的"同文同种"之外，还援引美国的门罗主义来论证中日结盟的必要性。"中国今日欲求友邦，不可求之于日、美以外，日本与中国之关系，实为存亡安危两相关联者。无日本即无中国，无中国亦无日本。""夫中国与日本，以亚洲主义，开发太平洋以西之富源，而美国亦以其门罗主义，统合太平洋以东之势力，各遂其生长，百岁无冲突之虞。"③在这里，孙给其亚洲主义话语赋予了具有实践意义的内容。

　　由上可见，构成孙中山想象中的中日联盟有两个基础。第一，以文明和种族上的"同文同种"来提倡中日联手对抗西方

---

① 「大阪朝日新聞」（1913年3月12日）、陈德仁、安井三吉编『孫文講演"大アジア主義"資料集』、法律文化社、1989年、第294頁。

② 「日支親善の根本義」、『大阪朝日新聞』（1917年1月1日）、陈德仁、安井三吉前揭書，第295—299頁。

③ 《中国存亡问题》，《朱执信集》（上），北京：中华书局1979年版，第312页。《孙中山全集》第四卷，北京：中华书局1985年版，第94—95页。

列强。 第二，以地域联合的门罗主义倡导中日联盟，共同将列强势力驱逐出亚洲。 有人认为在孙中山的亚洲主义思想里含有以日本为"盟主"之意，言过其实，因为就目前公布的资料来看，很难断定孙中山亚洲主义话语里的"盟主"一词的确切含义。 即使假定确有"盟主"之说，也只能说是建立在道义基础之上的，因为孙所提倡的亚洲主义旨在打破西方强权的国际秩序，而非谋求建立一个新的不平等的亚洲秩序。

1919 年后，孙中山舍弃以往的种族文明同源论和门罗主义的亚洲主义叙述，开始批判日本对中国的帝国主义政策。 他在 1924 年 1 月讲述"三民主义"中"民族主义"部分时明确说："将来白人主张公理的和黄人主张公理的一定是联合起来，白人主张强权的和黄人主张强权的也一定是联合起来。 有了这两种联合，便免不了一场大战，这便是世界将来战争之趋势。"①这一转变不能单纯地归结为日本对中国的侵略和苏联对中国革命的支持使然，而应该看到孙中山的种族文明叙述里含有"公理对抗强权"的本质性内容，笔者很难同意以往研究所说孙中山从 1919 年开始明确地走上了一条别离亚洲主义的道路。 孙的亚洲主义话语在变异过程中存在着矛盾，这表现在他既使用"公理"这一近代性的概念试图扬弃亚洲主义，又以"王道"这一非近代的概念试图重新注解亚洲主义，而"公理"与"王

---

① 《三民主义》，《孙中山全集》第九卷，北京：中华书局 1986 年版，第 193 页。

道"的界限并不十分明确。孙中山在日本神户的一场演说正说明了这一点。

神户是孙中山革命的起源之地。孙中山自称 1895 年第一次亡命日本时，在这里初次接触到"革命"。① 大约三十年后，他又在这里作了题为《大亚洲主义》的演讲。在这篇著名的演讲里，孙提出了"王道"（仁义道德）和"霸道"（功利强权）两个概念，认为亚洲主义应当以王道为基础，以实现亚洲受压迫民族的解放为目标。② 在同年早些时候（4 月），针对美国上院通过排斥日本移民法案一事，他对日本记者说："余企图亚细亚民族之大同、团结已三十年，因日人淡漠置之，遂未具体实现以至今日。"③孙告别了对日本的政治依赖，但在思想上并没有与亚洲主义诀别，他的王道亚洲主义在批判日本国家主义的同时，制造出了一个新的亚洲主义样本。

三、李大钊的批判

伴随日本帝国主义的面目毕露，中国媒体开始质疑日本借

① 陈少白：《兴中会革命史要》，台北："中央文物供应社"1956 年版，第 12 页。
② 《孙中山全集》第 11 卷，北京：中华书局 1986 年版，第 401—409 页。孙中山"大亚洲主义"演说的中日文的各种版本收录在陈德仁、安井三吉所编前揭书。
③ 《孙中山全集》第 10 卷，第 134 页。

欧美"黄祸论"鼓吹所谓中日联盟。在行动上，首先作出回应的是章炳麟。章炳麟原本有黄白人种对抗的意识①，但在日俄战争后看法发生变化。1906 年章出狱后到日本，在东京留学生欢迎会上发表演说，以国粹思想批评留学生中"有一种欧化主义的人，总说中国人比西洋人所差甚远，所以自暴自弃，说中国必定灭亡，黄种必定剿绝"。②章没有因此主张中日"同种"联手，而是注重中国和亚洲被压迫弱小民族之间的联合。1907 年 4 月，章联合同志张继、刘师培、陈独秀等在日本和印度流亡知识人共同发起成立了"亚洲和亲会"，期冀以"宗教"、"国粹"等来整合亚洲弱小民族，"反抗帝国主义，期使亚洲已失主权之民族，各得独立"。③亚洲和亲会存续时间甚短，似乎也没有特别值得详述的活动，但在近代人种叙述上，亚洲弱小民族联合的构想具有象征意义，它将黄白人种的对抗切换为公理与强权的对峙。

李大钊继袭了"亚洲和亲会"所主张的弱小民族联合对抗强权的观念。1917 年 4 月，李大钊在《甲寅》发表《大亚细亚主义》一文，一方面赞同对抗"大西洋主义"的"大亚细亚主义"，另一方面又指出要抛弃以往的以日本为中心的大亚细亚

---

① 《论亚洲宜自为唇齿》(1897 年 2 月)，汤志钧编：《章太炎政论选集》(上册)，北京：中华书局 1977 年版，第 5—6 页。

② 《东京留学生欢迎会演说辞》(1906 年 7 月 15 日)，《章太炎政论选集》(上册)，第 276 页。

③ 汤志钧：《关于亚洲和亲会》，《辛亥革命史丛刊》第 1 辑，北京：中华书局 1980 年版。

主义，"当以中华国家之再造，中华民族之复活为绝大之关键"。 而且，"更进而出其宽仁博大之精神，以感化诱提亚洲之诸兄弟国，俾悉进于独立自治之域，免受他人之残虐，脱于他人之束制"。①

在第一次世界大战后的巴黎和会上，日本瓜分德国在山东的权益证明了黄白种对抗的亚洲主义诉求之虚妄。 1919 年元旦，李大钊撰文《大亚细亚主义与新亚细亚主义》，尖锐地批判日本的亚洲主义是"大日本主义的变名"，"并吞中国主义的隐语"。② 从民族解放的角度，李大钊提出取代大亚细亚主义的"新亚细亚主义"："凡是亚细亚的民族，被人吞并的都该解放，实行民族自决主义，然后结成一个大联合，与欧、美的联合鼎足而三，共同完成世界的联邦，益进人类的幸福"。③ 在李大钊看来，基于同样的民族解放的诉求，美洲必将成立美洲联邦，欧洲亦将建立欧洲联邦。 但是，新亚细亚主义容易给人造成一种误解，即把民族解放的战略局限在亚洲地缘空间里。为了打消这种误解，李在同年 11 月发表《再论新亚细亚主义》，重申新亚细亚主义旨在打破日本侵略他国的大亚洲主义，"亚细亚境内亚人对亚人的强权不除，亚细亚境内他洲人对亚人的强权绝没有撤退的希望。 亚细亚境内亚人对亚人的强权

---

① 李大钊：《大亚细亚主义与新亚细亚主义》，中国李大钊研究会编注：《李大钊全集》第 2 卷，北京：人民出版社 2006 年版，第 107 页。
② 李大钊：《大亚细亚主义与新亚细亚主义》，《李大钊全集》第 2 卷，第 269 页。
③ 李大钊：《大亚细亚主义与新亚细亚主义》，《李大钊全集》第 2 卷，第 270 页。

打破以后，他洲人的强权自然归于消灭"。① 新亚细亚主义不是背反世界主义的潮流，乃是顺应世界主义，"强权是我们的敌，公理是我们的友。 亚细亚是我们划出改造世界先行着手的一部分，不是亚人独占的舞台"。 新亚细亚主义是"自治主义"，"最善的世界组织都应该是自治的，是民主化的，是尊重个性的"。②

在中国早期共产主义者中，李大钊是唯一一位以"新亚细亚主义"来批判日本亚洲主义的。 在人种批判上，李的新亚细亚主义与其后的中国革命实践存在内在的关联，这表现为以阶级斗争取代种族斗争，以亚非拉民族解放取代区域的民众联合。

---

① 李大钊：《再论新亚细亚主义》，《李大钊全集》第 3 卷，第 75 页。
② 李大钊：《再论新亚细亚主义》，《李大钊全集》第 3 卷，第 76 页。

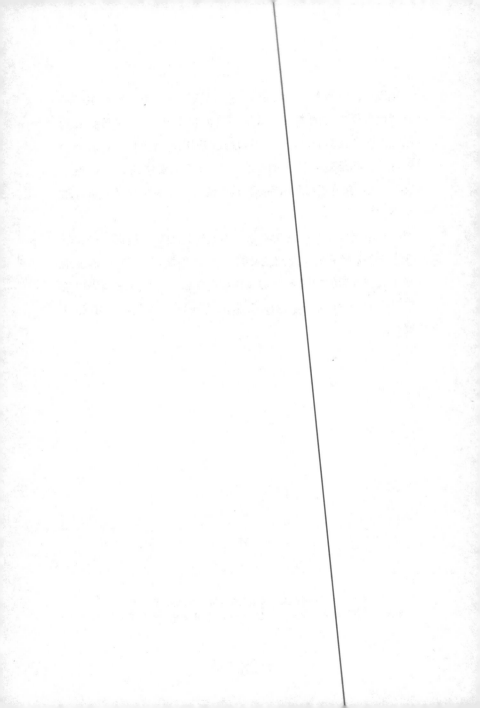

第八章

汤姆

足下须知，有国之人与无国者，其人民苦乐之况，何啻（啻）霄壤。吾今回念同种之羁绊于美洲，禽狎兽侮，无可致力，脱吾能立一国度，然后可以公法公理向众申论，不至坐听白人夷灭吾种。唯公法公理，有国者方有其权。无国之民，匪特理法都无，纵复哀之，弥肆其毒。脱吾既立国，以吾种冤抑之事申之列强，美国素号文明，断难排众议而保其奴籍……吾今决赴辣比利亚者，非图安乐也。盖欲振刷国民之气，悉力保种，以祛外侮，吾志至死不懈矣。①

以上摘自林纾、魏易译《黑奴吁天录》第 43 章"黑人哲而治与友人书"。劫后余生的哲而治感叹，如果没有国家，

---

① 原著者美国女士斯土活，今译名为斯托，闽县林纾、仁和魏易译，《黑奴吁天录》，上海：文明书局 1904 年版，卷四，第 69 页。

个人是无助的。

《黑奴吁天录》今译《汤姆叔叔的小屋》，是美国作家哈丽叶特·比切·斯托（Harriet Beecher Stowe，1811－1896）所著 *Uncle Tom's Cabin* 的中译本，小说讲述了黑人奴隶的不同命运：拒绝出逃的汤姆被卖、最后被奴隶主鞭刑致死，哲而治（乔治·哈里斯）等逃到加拿大、经法国回到祖辈的土地——非洲辣比利亚（利比里亚）。1852 年，《汤姆叔叔的小屋》问世后，震撼美国，促进了美国废除黑奴运动的展开，斯托也因此被誉为"发动南北战争的小妇人"。

然而，即使美国废除了蓄奴制度，也只是杜绝买卖而已，并不意味着黑人就得到了平等和自由权。正如本书第六章所述，在迈向建设现代国家和实现民族、种族平等的路途上，中国知识人对与自己无关的作为帝国主义修辞的"黄祸论"并不感兴趣，关心的是自身受到的歧视和压迫。因此，当这本小说被翻译出版后，唤起了中国知识界的"共情"（sympathy）。一时间，作者和小说成为媒介的谈资。半个世纪后，复因据此改编的话剧《黑奴恨》上演，引起广大读者对《汤姆叔叔的小屋》的兴趣。本章将以这部小说在中国的阅读为切入口，考察中国人是如何认知黑人问题的。与以往研究不同的是，本章不将《汤姆叔叔的小屋》视为一般意义上的文学作品，而是视为一种表征种族的符号。其实，作为晚清流行的"政治小说"，《黑奴吁天录》有着政治小说所含有的清晰的个体解放的诉求，惟其如此，它才被赋予了其他意义，并在 20 世纪

50－60 年代中国所推动的"亚非拉民族解放"运动中居有一席之地。

一、"汤姆叔叔"来华

1896 年,《汤姆叔叔的小屋》的作者斯托去世。 同年 11月,日本《国民新闻》连载由敬天牧童翻译的《汤姆的茅屋》。① 与"黄祸论"在日本朝野掀起的巨浪相比,《汤姆的茅屋》带来的几乎是可以忽略不计的微澜;相反,当"汤姆叔叔"漂洋过海来到中国后,在中国知识人中却掀起了巨大的波澜。

"汤姆叔叔"——《黑奴吁天录》是何时因何来到中国的? 学界一致认为时间在 1901 年,理由是两位译者如是说。魏易在自叙中写道:"近得美儒斯土活氏所著《黑奴吁天录》,反复披玩,不啻暮鼓晨钟。 以告闽县林先生琴南,先生博学能文,许同任翻译之事。 易之书塾,与先生相距咫尺,于是日就先生讨论,易口述,先生笔译,酷暑不少间断,阅月而书竣,

---

① ストオ夫人原作、敬天牧童訳「トムの茅屋」、『国民新聞』1896 年 11 月8 日。

遂付剞劂，以示吾支那同族之人。 光绪辛丑年秋月仁和魏易自叙"。[①] 魏易看到英文原著后，邀请寓居杭州求是书院的近邻林纾来共同翻译。 林纾则有另一番说法："是书假诸求是书院仁和魏君聪叔易口述其事，余涉笔记之，凡六十有六日毕。 光绪辛丑重阳节闽县林纾琴南序于湖上望瀛楼"。 似乎是林纾邀约同在求是书院的魏易来合译的。 翻译前后费时两月余，于重阳节译毕。 当事人言之凿凿，不可不信。 但是，迄今没有一个学者见过 1901 年辛丑版《黑奴吁天录》。

目前所见的《黑奴吁天录》均为文明书局版。 1904 年文明书局版有如下字样："武林魏氏原刻，今将版权售与文明书局，特此声明，不准翻印。"由此可知，《黑奴吁天录》在正式

---

① 《黑奴吁天录》有多种翻刻本或盗版，魏易的《自叙》不见于笔者所有的 1904 年和 1905 年文明书局版。

出版前，曾有译者魏易"私家"刻本——"武林魏氏木刻私家藏版"，但这不是正式出版。 检索报章，《中外日报》最早报道"汤姆叔叔"来华消息。 1902年1月19日，《南洋七日报》刊登了一篇题为《黑奴吁天录书后》的文章，其中写道："如此书所纪汤姆、哲而治诸人之所经历，亦可哀也。"①该报注明文章转自《中外日报》。《中外日报》系日报，应当也在1月出版。《黑奴吁天录书后》没有署名，从内容看，出自译者或阅过此书之人，即使如此，也不能断定此书在1901年即已出版，只能说有《黑奴吁天录》的魏氏"私家版"。

那么，译者将《黑奴吁天录》版权售给文明书局是在何时呢？ 1907年11月2日，《申报》刊登了署名吴芝瑛的文章——《春阳社黑奴吁天新剧绍介》。 吴芝瑛（1867－1933），安徽桐城人，随在京任官的丈夫廉泉滞留北京期间，因精通诗书画而曾被慈禧太后召进宫。 吴芝瑛在北京与秋瑾金兰结义，豪气不让须眉。 吴芝瑛在文章开篇写道："《黑奴吁天录》一书，系泰西著名小说美女士斯土活著，芝瑛往年出重资，请林琴南、魏聪叔二先生译成华文，已风行海内。"②与译者林、魏的说法均不同，吴直言"往年出重资"请二位翻译的。 三人为同时代人，吴如是说当有根

---

① 《汇论：黑奴吁天录书后（录中外日报）》，《南洋七日报》第19册，1902年1月19日，无页码。
② 《春阳社黑奴吁天新剧绍介》，《申报》1907年11月2日，第20版。

有据。 文中又言："芝瑛既属文明书局精印此书"。 文明书局于 1902 年 7 月成立于沪上，创办人之一即吴芝瑛的夫君廉泉。 如果《黑奴吁天录》是交由文明书局出版，那么最快在下半年甚至次年才能出版，这似乎也说明了为何目前所见提到该书的文字均不早于 1903 年。

那么，为何要请"汤姆叔叔"来华呢？ 二位译者在不同版本的序跋中交待得很清楚。 魏易在私家版或文明书局的某个版本《自叙》中称："恒假小说以开民智"；"前车之覆，后车之鉴，窃愿读是编者，勿以小说而忽之，则庶乎其知所自处已。"旨在通过汤姆等黑奴的故事告诫国人，要成为掌握自己命运的"自由主"，而不是屈从于他人意志的"自效奴"。 对魏易来说，翻译此书更基于一个切身的问题——"黄祸论"。 俄罗斯报纸公然称，中国本有"外人执政"历史；而美国不断发生驱逐和虐待华工事件，中国人在彼处的处境中近乎奴隶。 "夫奴隶可耻也，奴隶于异域尤可耻也。" 魏易痛感中国使臣——外交官即使出面抗议，美国政府也置若罔闻，"诚不知我支那之人自居何等，而列邦待我支那之人又居何等也？"他引用一位年长者的话："吾支那人奴隶性质，萌芽于秦，枝干于宋，充实蕃衍于明，故秦以后朝廷得而奴隶之，宋以后同洲异族得而奴隶之，明以后则天下五洲各国得而奴隶之。"

与魏易大同小异，林纾在序文中首先提及白人贩卖黑人的历史，继而写道："华盛顿以大公之心官其国，不为私产，而仍不能弛奴禁，必待林肯奴籍始幸脱。 迩又寝迁其处黑奴者，以处黄人矣。"最终美国废除了黑奴制度，但在美洲打工的黄种人却身处奴隶境地，而且"彼中精计学者患泄其银币，乃酷待华工，以绝其来。因之黄人受虐，或加甚于黑人。而国力既弱，为使者复悾愗不敢与争，又无通人纪载其事，余无从知之"。正如本书第六章所述，美国既需要廉价的有效率的劳动力，又担心因此货币流失和工人失业，这是其排华的深刻原因。鉴于中国外交官不敢抗议，国人无从知道华工的惨状，林纾认为翻译此书的意图在于："其中累述黑奴惨状，非巧于叙悲，亦就其原书所著录者，触黄种之将亡，因而愈生其悲怀耳。方今嚣讼者，已胶固不可喻譬，而倾心彼族者，又误信西人宽待其藩属，跃跃然欲趣而附之。则吾书之足以儆醒之者，宁可少哉？"

1904 年文明书局版《黑奴吁天录》附有林纾作于辛丑九月的"跋"，林纾强调此书虽为小说，"本事七八，演者二三耳"。而他与魏君同译，"非巧于叙悲以博阅者无端之眼泪，特为奴之势逼及吾种，不能不为大众一号。近年美洲厉禁华工，水步设为木栅，聚数百远来之华人，栅而钼之，一礼拜始释，其一二人或逾越两礼拜仍弗释者，此即吾书中所指之奴栅也"。哀叹美国任意捕捉华工，华人俨如小说中的黑奴。"观哲而治与友书，意谓无国之人，虽文明者亦施我以野蛮之礼，则异日吾华为奴张本不即基于此乎？"林纾称赞在国民受到排斥后日本政府的应对："若夫日本，亦同一黄种耳，美人以检疫故导及其国之命妇，日人大忿，争之美廷，又自立会与抗。

勇哉日人也！"《辛丑条约》之后，中国正当"变政之始"，林纾期待此书的出版能使人们"蠲弃故纸，勤求新学"——爱国保种。

二、"批茶"与"黑奴"

1902 年，《新民丛报》刊载的一篇文章说明"汤姆叔叔"进入中国另有渠道。 文章使用的是《汤姆叔叔的小屋》的另一个名称——《五月花》(*Life Among the Lowly*)，而且将作者译为"批茶"。 更有意味的是，文章叙述的重点不在小说，而在作者的性别。 "美洲有名女子，以一枝纤弱之笔力，拔无数沈沦苦海之黑奴，使复返于人类，至今欧美人啧啧称之为女圣者，则批茶女士是也。"一个弱女子，靠一支纤弱之笔，掀动了美国的黑奴制。 女子生于 1811 年（原文误作 1812 年），"喜研仁慈学，读耶稣求世经，益发慈悲，慨然有普渡丛生之志"。 撰写是书，"发明世界公理"，宣称无富贵贫贱，人皆平等。 又著家庭教育学，"诚女子中之人杰哉"。 名为"扶弱子"的某氏评道："男子中尚鲜其人，况女子耶。 岂如批茶者，独见于美洲，不复再见于我中国耶。 我愿二万万女子，以批茶之事，为五月之花，而发生其热心也。"梁启超弟子蒋智由则赞曰："今世间之称英雄豪杰，必曰丈夫，曰男儿，一若无与于女子事者。呜呼！岂通论哉。英雄豪杰，只发源于心力而已，无间男女一也。彼批茶者，亦自发其心力已耳。天下多女子，胡独使批茶者，得专美于前也。"①

作者批茶成为人们关注的焦点与清末兴起的女权诉求密切相关。② 1904 年，李高传在《论批茶女士之著五月花》中进而扩大言之："中国之人，不明公理，往往买人为奴，而无人创一新书以戒之，曷不观之批茶女士乎。当时南北美洲常买黑人为奴，批茶女士见而不忍，即卖产业，遂匿于深山之中，著一书，名曰五月花，意谓不可用人为奴。后则欧美二洲遂放黑奴焉。夫批茶女士者，不过一弱女子耳，然数千年来之风气，而能创一新书以变之，以我国之女子并之，岂不伤哉，岂不伤哉。"③1904 年，松琴赞美女子国民教育，赋诗将批茶与木兰、班昭、罗兰夫人（Manon Jeanne Phlipon）并列，"批茶相与期东西，女杰益驾驰愿巾"。④ 1906 年，张雄西在《创立女界自立会之规则》中套用四年前《新民丛报》文章的

---

① 《五月花（集录选报）》，《新民丛报》第 12 号，1902 年 7 月 19 日，第 74—76 页。
② 《女子爱国美谈（续）：批茶》，《杭州白话报》，1902 年第 2 年第 12 期，第 11—12 页。《传记：批茶女士传》，《岭南女学新报》第 6 册，1903 年 8 月，第 6—7 页。
③ 李高传：《论批茶女士之著五月花》，《妇孺报》第 4 期，1904 年 7 月，第 8 页。
④ 松琴：《女学生入学歌》，《江苏》第 9、10 期，1904 年 3 月 17 日，第 259—260 页。

句法，赞批茶以一女子之力，使黑人"复返人类"。① 1907
年，张竹君在《女子兴学保险会序》中呼吁兴办女学，"愿力
不可不宏，热诚不可不涨"，最后把批茶和南丁格尔（Florence
Nightingale）并称："批茶之行，耶尔丁格尔之志，愿与诸志士
共之也。"②

　　与来自《新民丛报》的解读不同，出自林、魏合译《黑奴
吁天录》的阅读由对"黑奴"的同情转而哀叹自身。 1903 年，
《新民丛报》首次出现《黑奴吁天录》的出版消息，题为《醒狮
题黑奴吁天录后》。 文章写道："专制心雄压万夫，自由平等理
全无，依微黄种前途事，岂独伤心在黑奴。"③1904 年，灵石
《读〈黑奴吁天录〉》由人及己："《黑奴吁天录》者，美国女
士斯土活所著，而闽县林琴南纾、仁和魏充叔易两先生所译者
也。 前后四卷，分四十二章，计华文十四万言。 两人且泣且
译，且译且泣；盖非仅悲黑人之苦况，实悲我四百兆黄人将为
黑人续耳。 且黄人之祸，不必待诸将来，而美国之禁止华工，
各国之虐待华人，已见诸实事者，无异黑人，且较诸黑人而尤
剧。 则他日之苦况，其可设想耶！"④ "两人且译且泣"，并非

① 张雄西：《创立女界自立会之规则》，《云南》第 1 号，1906 年 10 月 15 日，第
　　87—90 页。
② 张竹君：《女子兴学保险会序》，《中国新女界杂志》第 4 期，1907 年 5 月，
　　第 7—11 页。
③ 醒狮：《醒狮题黑奴吁天录后》，《新民丛报》第 31 号，1903 年 5 月 10 日，第
　　106 页。
④ 灵石：《读〈黑奴吁天录〉》，《觉民》第 7 期，1904 年 4 月 25 日，第 29—32 页。

止于同情黑人，更在感叹黄种"较诸黑人而尤剧"。

1905—1906 年是中国民族主义思想高涨时期，"黑奴吁天"四字出现在各种言说中。1906 年，革命派黄节著《黄史伦理书》阐发排满革命根由："哀哀遗民，受此奇毒，以拟黑奴吁天，不是过也。"①改良派梁启超记录旅途见闻道：瓦盆铜钵朝分水，腌菜干鱼午吃餐。莫纂黑奴吁天录，猪圈还有甲不丹。②"黑奴吁天"原本如该书"凡例"所说，"是书以'吁天'名者，非代黑奴吁也。书叙奴之苦役，语必呼'天'，因用以为名，犹明季六君子《碧血录》之类"。③ 显然，清末知识人笔下的"黑奴吁天"已然由"他称"转换为"自称"。

《黑奴吁天录》不仅在改良派和革命派中颇有影响，亦为推崇新式教育的清政府官员别样对待。1904 年，金陵江楚编译书总局刊行的陈朋译、薛绍徽编《列女传》卷四《文苑列传》列有"批茶"词条，译为"斯多"。1906 年，地方劝学演讲开列的 40 本阅读书籍中赫然列有《黑奴吁天录》。④

---

① 黄节：《黄史伦理书》，《国粹学报》第 13 期（第 2 年第 1 号），1906 年 2 月 13 日，第 1—3 页。
② 饮冰：《饮冰室诗话》，《新民丛报》第 92 号，1906 年 11 月 30 日，第 109 页。
③ 黄煜所编《碧血录》记录了东林"六君子"入狱后所受酷刑之惨状。
④ 陶洁：《〈黑奴吁天录〉——第一部译成中文的美国小说》，《美国研究》1991 年第 3 期，第 130 页。

三、 哀汤姆

　　清末知识人对《黑奴吁天录》的关注既然不在小说本身，自然也不会关心底本和译本、事实与虚构间的关系。 在关于"批茶"和"黑奴吁天"的言说之外，更有将《黑奴吁天录》改编为话剧用身体来演示的。

　　1907 年 6 月 1—2 日，春柳社在东京"本乡座"上演了曾孝谷根据《黑奴吁天录》改编的同名话剧，是为"中国话剧第一个创作剧本"。 春柳社是上年冬由李叔同、曾孝谷等留日学生仿照日本现代剧团创办的。 这出五幕话剧分别为：解而培之邸宅、工厂纪念会、生离欤死别欤、汤姆门前之月色、雪崖之抗斗等①，剧中主要人物由李叔同、曾孝谷、黄喃喃、谢抗白、严刚等扮演。 曾扮演其中角色的欧阳予倩回忆称："五十多年前（一九○七年）曾孝谷的剧本强调了民族自觉，戏的结尾是：哲而治同意里赛夫妻会合，杀死了追捕的人，逃出美国。 这就和斯托夫人的思想完全不同，而是以斗争胜利为结束的。"②剧

---

① 张乐民：《百年前国人在东京上海公演〈黑奴吁天录〉——纪念中国话剧诞生》，《上海集邮》2007 年第 5 期，第 2—5 页。
② 欧阳予倩：《后记》，《黑奴恨》（九场话剧），北京：中国戏剧出版社 1962 年版，第 93 页。

情是否如此？ 还有待其他资料的佐证，如果将话剧置于当时中国人所处的境遇中来理解的话，取各种回忆最大公约数，话剧在演示汤姆等苦难的同时，无疑在声援正在遭受美国政府排斥和压迫的华工。 田汉的判断似乎近于事实，他认为"春柳社时代曾孝谷改编的《黑奴吁天录》去斯托夫人原作的精神不远，也是按中国资产阶级启蒙期的思想要求处理的"。 ①

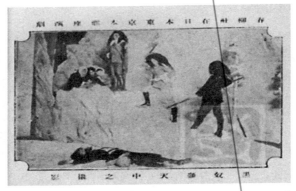

《春柳社在日本东京本乡座演剧：黑奴吁天中之摄影》，《好白相》1914 年第 8 期

在春柳社《黑奴吁天录》上演后四个月，1907 年中秋，马相伯、沈仲礼、王熙普等在上海英租界发起成立"春阳社"，旨在"互换知识，改良风俗"。② 春阳社成立后即排演《黑奴吁天录》话剧，借此"唤醒国民"，并试图用义演所得赈济云南灾民。③ 该剧对小说改动颇大，"今译成华词，谱为新

---

① 田汉：《谈〈黑奴恨〉》，《人民日报》1961 年 7 月 12 日，第 7 版。
② 《春阳社成立广告》，《申报》1907 年 9 月 26 日，第 9 版。
③ 《春阳社演剧助赈广告》，《申报》1907 年 9 月 26 日，第 9 版。

剧",共十二目:送学、索债、规夫、别妻、窃听、夜遁、落店、索奴、追讨、遇友、取汤、赠别等,"贩子海流,悍横绝伦,固足令人发指","而其妻独能深明大义,反复规劝,一种慷慨激昂之慨,殊足令人动容。至黑奴别妻一段,尤为描写入神,天愁地惨,虽铁石心肠,亦将感动"。①

《春阳社全体社员扮演〈黑奴吁天〉摄影》,《新剧杂志》第 1 期,1914 年 5 月 1 日

与春柳社一过性的演剧不同,春阳社在 10 月底上演《黑奴吁天录》后,不断公开演出,且时有评论。从"人种"角度看,春阳社的话剧凝聚了由汤姆所表征的"黑人"问题。"出重资"翻译出版的吴芝瑛称读此书不下数十遍,"每读一过,辄泪洒书本,痛愤不能自止"。"近又手加圈点,于是书开场、伏

① 《春阳社演剧助振(赈)记》,《申报》1907 年 11 月 1 日,第 20 版。

脉、接筍、结穴，一一注意，以便读者。"吴芝瑛更是指出第43章为小说的"宗旨所在"："嗟乎！ 观哲而治之言，不啻为吾中国之大写真。"林芝瑛担心林纾的文笔过于典雅，不是中等社会以下之人所能理解的，试图将其改写为白话文或谱为新剧，"庶可引为殷鉴，唤醒国民"。 当她看到春阳社演剧助赈的广告后十分兴奋，登报呼吁绅商学界"届期往观，藉以振作志气"。 在她看来，春阳社助赈事小，"兴起我国民保种爱国心者，其功德实无涯涘也。"

吴芝瑛哀"黄种将亡"、"国威日削"，是有所指的。 彼时日本因美国通过排斥日本学童的法案而朝野纷纷表达愤怒；而对于排华法案，中国人知之甚少。[1] 吴芝瑛感叹："盖种族国土之重，受赋上宰，不可自绝。"[2]这段话出自严复给《大公报》创办人英华《也是集》所作的序文，刊于7月28日《大公报》。 十余日前（7月15日），秋瑾被清政府杀害，吴芝瑛违禁收尸安葬。 事后面对清政府的追查，吴芝瑛上书两江总督端方："是非纵有公论，处理则在朝廷，芝瑛不敢逃罪，愿一力承担后果。"吴芝瑛侠肝义胆，文中转引严复话表达了"保种爱国心"。 确实，当把来华的汤姆叔叔置于中国和中国人所处的境遇中时，哀汤姆便有了指向自身——哀黄种

① 賀川真理「二０世紀転換期のサンフランシシスコ市政とアイリッシュの進出：中国人・日本人排斥に関する一考察」、慶應義塾大学法学研究会『法學研究』第68卷第10号，1995年10月，第241—283頁。
② 《严几道先生也是集序》，《大公报》（天津）1907年7月28日，第3版。

的意义。 在吴芝瑛看来，奴隶要获得"自由"，就必须有自己的国家，而且这个国家必须强大，这是清末阅读汤姆叔叔的一条不变的线。

四、 汤姆的觉醒

1961 年 6 月 1 日，中央戏剧学院实验话剧院上演了由院长欧阳予倩改编的九幕话剧《黑奴恨》。《黑奴恨》选择在 6 月 1 日上演，有纪念春柳社在东京首演《黑奴吁天录》的意味。①

关于《黑奴恨》的改编，欧阳的老友田汉回忆说："在 1957 年中国话剧运动五十年纪念的时候，作为春柳社社员的欧阳予倩同志提议重演《黑奴吁天录》。 当时的剧本完全找不到了，欧阳老只能根据自己模糊的记忆和斯托夫人的小说重新编写，改题为《黑奴恨》。"②导演孙维世的回忆略有不同："1957 年，当纪念中国话剧运动五十周年时，有人提议排演《黑奴吁天录》作为纪念性的演出，并想请欧阳老主持这工作。 ……在这时候由他来重新创作《黑奴吁天录》，自然最合适了。 当时

①兆剑:《观话剧〈黑奴恨〉随感》,《人民日报》1961 年 7 月 6 日，第 8 版。
②田汉:《谈〈黑奴恨〉》,《人民日报》1961 年 7 月 12 日，第 7 版。

欧阳予倩同志也曾构思过《黑奴吁天录》的剧本。"①

欧阳予倩的剧本完成于 1959 年，为了征求意见，决定先行发表，他说："我这个剧本写得很匆忙，只利用在疗养院十天的功夫赶出来了的。"②两年前提议，两年后匆匆草就，原因何在？ 用欧阳的话乃是鉴于"在美国，黑人还是受到严重的歧视和压迫。 黑人的生命财产、基本人权都无保障"③。 然而，《汤姆叔叔的小屋》尽管展示了黑人遭受奴役的惨状，其所弘扬的基督教人道主义并不符合中国革命的氛围。 为此，欧阳予倩对原著进行了"革命化"的改编，将虔信上帝、逆来顺受的汤姆，"写成一个忠实诚恳、宁愿牺牲自己成全别人的好人"；将携带武器成功逃脱的哲而治，"写成一个经过痛苦锻炼，有革命思想，又有组织能力，敢于行动的人"。 凡是美国绅士、老板虐待黑人的情形则照旧，"没有增加一丝一毫的夸大"。 由于《黑奴吁天录》不是"问天呼吁"的意思，故把剧本取名为《黑奴恨》。④

关于剧本从征求意见到修改和排演的过程，《人民日报》7月 12 日刊登的田汉的长文披露了一些内情。⑤ 时任文化部戏曲改进局、艺术局局长的田汉认为，"林纾、魏易两氏不是为翻

① 孙维世：《回忆欧阳予倩同志创作〈黑奴恨〉》，《人民日报》1962 年 9 月 25 日，第 6 版。
② 欧阳予倩：《后记》，第 94—95 页。
③ 欧阳予倩：《后记》，第 93—94 页。
④ 欧阳予倩：《后记》，第 93—94 页。
⑤ 田汉：《谈〈黑奴恨〉》。

译而翻译，他们的目的是为提高当时中国人民民族觉悟和对帝国主义者奴役落后国家人民的警惕，他们的态度是正确的，他们的苦心也收到应有的效果"。 1907 年，春柳社改编上演的五幕话剧，"充满了民族反抗的感情，使它在留学生界和华侨社会起了很大的唤醒作用"。 田汉称，这个戏后来传到了上海，1932 年还在共产党的中央苏区瑞金演出过，可以说，"这个戏在我国辛亥革命前后和土地革命初期都起过一定影响"。 但是，《黑奴恨》与《黑奴吁天录》相比，无论思想性还是艺术性都不只是春柳社演出本的复活，而是一种再创作。 一方面，在完成了人民民主革命和"基本上完成了社会主义革命"的中国，人们摆脱了半个世纪前爱国者们所忧虑的"四百兆黄人成为黑人之续"的运命。 另一方面，在当下的美国，黑人的基本人权得不到保障，参加"自由乘客运动"的进步白人也和黑人一起遭受殴打和逮捕。《黑奴恨》在这个时机上演，"正是对美帝国主义百年如一日的反动面目的有力暴露"。

田汉对重新塑造的"汤姆叔叔的形象"尤其满意。 他认为《汤姆叔叔的小屋》只是谴责了蓄奴制度，"而对于黑人解放的道路，却是了解得极为糊涂的"。 原著汤姆为白人主人忠实地服务大半辈子，结果还是被他"好心"的主人卖给了奴隶贩子，最后落到残酷贪婪的南部种植园主李格利的手里。 他原本可以逃走的，但想到逃走了，主人还会卖别的奴隶，老婆和三个挚爱的孩子也将不保，于是决心忍受一切，最后因不肯说出凯雪和伊麦苓逃走的方向而被奴隶主李格利处死。 田汉赞扬

"欧阳予倩同志虽是春柳旧人，但他今天已经能够从社会主义思想高度来处理这一百多年前的历史故事"。"今天的《黑奴恨》比起半个世纪前的《黑奴吁天录》有了质的飞跃。"这集中表现在话剧的结尾。 原来，在听取关于剧本的修改意见后，欧阳在汤姆被害后哲尔治等逃到加拿大一幕戏删去，而以汤姆英勇赴死收尾。 欧阳根据奴隶主常用火刑来处死逃奴的记载，将被捆绑的汤姆置于冉冉升起的火苗上：

> 李格利用木棍打汤姆。在火光中，汤姆怒目望着他。李格利惊呆了。
>
> 愤怒而绝望的黑奴们渐渐站了起来。在音乐声中幕落。

汤姆(田成仁饰)，欧阳予倩:《黑奴恨》

五、《黑奴恨》前后

《黑奴恨》达到了预期的目的——声援受美国种族主义迫害的黑人。有意味的是，无论是编剧欧阳予倩本人，还是评论者田汉等人，都没有触及促成欧阳抱病仅用十天改编《黑奴吁天录》的直接原因——威艾·伯·杜波伊斯（W. E. B. Du Bois）夫妇访华。

杜波伊斯，1868年生于美国马萨诸塞州，哈佛大学毕业，著名学者和作家，争取黑人平等权利的斗士。杜波伊斯这个带有法国色彩的名字表明他作为"黑奴"的子孙有着法国人的血统。1903年，杜波依斯出版《黑人的灵魂》一书，阐述了近代人种的等差理论如何铸就了白人优越、黑人低劣的幻影。批判可视的肤色线（color line）对黑人的精神控制。在寻求黑人解放的道路上，20世纪初美国黑人曾为日本的亚洲主义有色人种对抗白色人种的言说所吸引，为在日俄战争中获胜的日本而欢呼。1936年，杜波伊斯访问上海，在美国资助的上海大学（圣约翰大学）的安排下，与知识界和报界人士交谈了三个小时，在谈完自己的祖先是奴隶和自己作为黑人的感受等后，他问在座的中国人："你们认为欧洲统治世界还能继续多久或你们设想亚洲和有色人种还要多久才能成为世界的精神中心？自从世界大战以来你们至少部分地摆脱了欧洲政治上的统治，但是你们将如何建议摆脱欧洲资本的统治呢？ 你们的工人阶级的发展情况如何？ 你们受英国、法国和德国的迫害比受日本的多，为什么你们更恨日本呢？"①这一发问方式反映了杜波依斯作为黑人看问题的视角，实际上他曾是日本的辩护者。② 约三十年后，与马丁·路德·金（Martin Luther King）齐名的著名黑人民权运动家马尔科姆（Malcolm X）在 1964 年的一次演说中发出一连串的疑问后指出，自法国大革命以来，除中国之外的所有革命都是"白人民族主义"（white nationalism）的产物。"你们知道赫鲁晓夫和毛为什么无法齐心协力？ 白人民族主义。"（Why do you think Khrushchev and Mao can't get their heads together，White nationalism.）③

　　苏俄革命后，杜波依斯对共产主义革命所倡导的没有阶级、没有压迫的主张发生兴趣，在 1936 年访问中国前后曾于 1926 年、1936 年和 1949 年访问过苏联。 1949 年中华人民共和国成立后，杜波依斯自然对有色人种的社会主义中国兴趣倍增。 据杜波依斯说，1956 年郭沫若和宋庆龄即向其发出了访华邀请。 郭沫若是中国人民保卫世界和平委员会会长，邀请函

---

① ［美］威·爱·伯·杜波依斯：《威·爱·伯·杜波依斯自传——九旬老人回首往事的自述》，邹得真等译，北京：中国大百科全书出版社 1996 年版，第 36 页。
② Marc S. Gallicchio，*The African American Encounter with Japan and China*，*1895 - 1945*，Chapel Hill：University of North Carolina Press，2000，p. 27.
③ Malcolm X， *Speaks：Selected Speeches and Statements*，New York：Grove Press，1965，p. 10.

应该是以这个机构的名义发出的。 美国政府以"同敌人妥协"为由阻止杜波依斯访华。 尽管如此，杜波依斯认为能够访问社会主义"有色人种国家"，是值得"冒险"的，最后经由莫斯科于 1959 年 2 月实现了访问愿望。 91 岁高龄的杜波伊斯受到中国政府高规格的接待，在长达 8 个星期的访华中，"参观了所有的大城市"，"和毛泽东在一起呆了 4 个小时，并两次同这个国家 6.8 亿人民的不知疲倦的总理周恩来一起用餐"。[1] 杜波依斯极力赞叹没有等级或阶级、实现民族平等的社会主义中国。

为了迎接杜波依斯的到访，中国翻译了他的代表作《黑人的灵魂》，杜波依斯应该看到了样书。[2] 《黑人的灵魂》出版后，媒体多有介绍和宣传，毫无疑问对欧阳予倩的改编有一定影响，人们从剧中也依稀可辨《黑人的灵魂》的影子。 第八场汤姆与凯西的对话：

> 汤姆：我并没有要煞他的威风，可是我决不能够跟着那些伤天害理的人做丧良心的事。
>
> 凯西：我们必定要让他们知道黑人并不比白人低，不是永远受人欺负的。我们也跟他们一样聪明能干，可是我们比他们有良心，我们的灵魂比他们干净。[3]

---

① [美]威·爱·伯·杜波依斯：《威·爱·伯·杜波依斯自传——九旬老人回首往事的自述》，邹得真等译，第 37 页。
② [美]威艾·伯·杜波伊斯：《黑人的灵魂》，北京：人民文学出版社 1959 年版。
③ 欧阳予倩：《黑奴恨》，第 76 页。

参与剧本修改的田汉在前引评论中，曾引用了杜波依斯作于 1909 年的著作——《约翰·布朗》。约翰·布朗是在 1859 年被杀害的，同年达尔文的《物种起源》出版。《约翰·布朗》在杜波依斯离华后于 1959 年 11 月在中国出版，距离布朗被杀害整整一百年。田汉在讨论汤姆从基督教的奴隶道德发展到初步的阶级觉醒，进而相信总有一天要跟奴隶主算总账时，引用杜波依斯的言说为证。杜波依斯认为，奴隶主除了借《圣经》外，还从生物学上找根据，证明黑人智力不如白人，天生就该受白人奴役。"在人与人之间和人种与人种之间，存在着基本的和不可避免的不平等，这种不平等是任何博爱主义所不能也不应当消灭的；文明是一场争取生存的斗争，因此较弱的民族和个人都将逐渐灭亡，而强者则将接管这个世界。""让这些黑种人待在原来的地位上吧，不要企图象对待一个长着黑脸的白人那样地去对待一个黑人，那样作就意味着种族和国家的道德败坏——这样的命运正在被神圣的种族偏见成功地操纵着。"[①]

可以说，杜波依斯的来访催生了《黑奴恨》的诞生，而《黑奴恨》也呼应了亚非拉民族解放运动的诉求。1962 年 9 月，94 岁的杜波依斯再度携夫人访华，这既是中国对美国种族歧视问题持续关注的结果，也反映黑人领袖亟盼得到中国的支

[①] ［美］威艾·伯·杜波伊斯：《约翰·布朗》，北京：生活·读书·新知三联书店 1959 年版，第 265 页。

持。 在对美国和苏联同时进行斗争的国际形势下，1963 年 8 月 9 日《人民日报》发表了毛泽东《支持美国黑人反对种族歧视的斗争的声明》。 文中提到了一位美国黑人领袖：罗伯特·威廉（Robert William）。 罗伯特·威廉生于美国东南部的北卡罗来纳州门罗市，参加过二战和朝鲜战争，1956 年退伍回乡后，成为门罗市有色有人种促进会主席。 威廉积极谋求黑人的权利平等，援引美国宪法赋予的持枪权，主张"以暴制暴"（We meet violence with violence），因而遭到联邦警察的通缉。 1961 年，威廉携家眷经加拿大亡命古巴。① 在古巴，1962 年，威廉分别给毛泽东、印度尼西亚总统苏加诺（Ahmed Sukarno）、加纳总统克瓦米·恩克鲁玛（Kwame Nkrumah）、柬埔寨亲王西哈努克（Norodom Sihanouk）等亚非国家领导人及缅甸外交官、联合国秘书长吴丹（U thant）等去信，请求谴责美国三 K 党及联邦政府对黑人的迫害，支持美国黑人争取种族平等的斗争。② 据威廉的回忆，只有毛泽东给他回复了。 毛泽东列举了美国黑人所遭受的歧视。 当时美国黑人有 1900 余万人，约占总人口的 11％，同样作为美国国民，在政治上却不能与白人享有同等的被选举权，处于受压迫的地位。 在许多州，

---

① Robeson Taj P. Frazier, *Cold War China in the Black Radical Imagination*, Duke University Press, 2014.

② Robeson Taj P. Frazier, "Thunder in the East: China, Exiled Crusaders, and the Unevenness of Black Internationalism," *American Quarterly*, Volume 63, Number 4, December 2011, pp. 933 - 934.

黑人不能和白人同校读书，同桌吃饭，同乘一车。美国各级政府、三K党之类的种族主义团体经常任意逮捕、拷打和残杀黑人，在约有一半黑人居住的南部十一州，"所受到的歧视和迫害，是特别骇人听闻的"。

毛泽东的文章在中国掀起了声援美国黑人争取平等权利斗争的浪潮。1963年9月，导演孙维世重新排演《黑奴恨》，她说："当人们看到毛主席呼吁世界人民联合起来反对美国帝国主义的种族歧视、支持美国黑人反对种族歧视的斗争的声明时，我们这些话剧工作者的热血沸腾起来了。"投入《黑奴恨》的排演工作就是"响应我们伟大领袖毛主席的号召，支援英勇斗争的黑人兄弟姊妹们！我们深信，他们的斗争必将取得最后的胜利，帝国主义制度，也必将随着黑色人种的彻底解放而告终"！①

1963年8月28日，美国黑人团体发起二十余万人向华盛顿的"自由进军"。27日夜，为黑人实现平等权利奋斗终生的杜波依斯在家中悄然去世，享年95岁。一个月后（9月25日），毛泽东文章中提到的罗伯特·威廉携夫人踏上了访华之旅。弗雷泽（Robeson Taj P. Frazier）在研究罗伯特·威廉与中国的关系时，沿袭冯客关于中国的种族话语②，错误地认为

---

① 孙维世：《重排〈黑奴恨〉有感》，《人民日报》1963年9月21日，第6版。
② Frank Dikötter, *The Discourse of Race in Modern China*, Hong Kong, 1992.

中国存在久远的歧视黑人的传统，而且一直延续到毛时代。① 然而，由上可见，从《黑奴吁天录》到《黑奴恨》、从杜波依斯到威廉，这些文本和人物影响和塑造了中国公众对黑人的认知。 汤姆叔叔在《黑奴恨》中不屈的形象从北京到地方、由话剧而京剧等，不断被演绎，"起来，不愿做奴隶的人们""黑人的正义斗争一定要胜利""战斗吧，黑人兄弟"等成为时人耳熟能详的话语。 至此，18 世纪以来由西方人建构的人种话语在中国革命中被解构了。 1961 年版《辞海》写道："各人种间在形态上虽有一定的区别，但在生物学上同属一个物种。"

---

① Robeson Taj P. Frazier, "Thunder in the East: China, Exiled Crusaders, and the Unevenness of Black Internationalism," *American Quarterly*, Volume 63, Number 4, December 2011, p. 948.

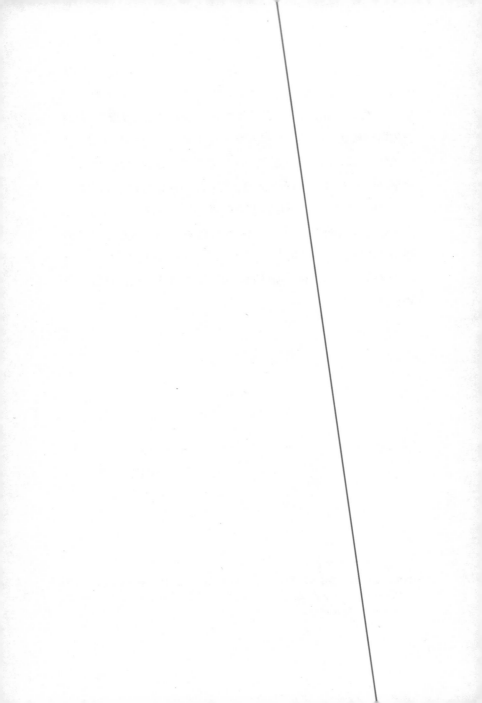

结
语

色即是空。 本书的结论可以借用《心经》这句话的字面意思来表达。

1972 年 7 月，贾雷德·戴蒙德（Jared Diamond）在新几内亚研究鸟类演化时，邂逅当地一位颇有影响的人—— 亚力（Yali）。 二人在交谈中，亚力问道：为什么白人能造出如此多的货物并运到这里，而我们黑人却不能? [①] 亚力的问题，戴蒙德的作业。 从此，戴蒙德开始研究地理环境对人类生态的影响，写下了著名的《枪炮、病菌与钢铁：人类社会的命运》（*Guns，Germs and Steel：The Fates of Human Societies*）一书。 戴蒙德可能不知道，亚力的话曾被种族主义者经常挂在嘴边，一个多世纪前种族主义者的话语一个多世纪后内化为当地人的自我意识中。 观念和意志决定人们看世界的方式，而一种

---

① ［美］贾雷德·戴蒙德：《枪炮、病菌与钢铁：人类社会的命运》，王道还、廖月娟译，北京：中信出版社 2022 年版。

观念和意志的形成是需要岁月浸渍的。 本书通过考察人种或种族概念生产和再生产的一个侧面,重新审视了该概念所内涵的自他认识的历史。

不同人群之间的歧视,自古有之,但上升到"科学"和"文明"高度进行演绎则是近代的发明。 伴随大航海时代的到来,足迹遍及全球的欧洲人在对动植物进行分类的同时,也开始对不同地区的人群进行分类。 18 世纪出现的人种学由于是在这种科学名义下展开的,因此被称为"科学种族主义"。 在人种学上,启蒙思想有两张面孔,一张张扬个性,促人向上进步;一张贬低异者,令其定格于蛮荒。 布鲁门巴哈"人分五种说"是 18 世纪人种"科学"的归结点,也是 19 世纪人种知识再生产的底本。 基于此,与浸淫于词语的研究方法不同,本书从"现在中心主义"(presentism)角度回看人种概念化的历史,以《辞海》所载述的"人分五种"的标准化知识及其由来为考察的起点。

人种知识的原产地在欧洲大陆,瑞典的林奈、法国的布封、德国的布鲁门巴哈等不必多说,如要再列上一个名字,哲学家康德必在其中,他有多部著作论及人种。 饶有兴味的是,人种知识的宣播借助的是大英帝国的全球网络,英国人钱伯斯的《人种志》直接或间接地形塑了中国和日本的人种书写,可以说人种知识在东亚的再生产是一部"全球史"。 不仅如此,人种知识的再生产还凸显了区域性特征。 中国和日本均改变了以往的自我认知,接受了人种等差序列中黄种人称谓。 但是,二者在教科书里的不同也是明显的。 如果说日本的人种叙述倾向于再差异化的话，那么中国则更多表现出抗争的色彩，关心的焦点与其说是人种知识本身，不如说是以人种作为方法进行政治博弈。 此外，明治维新后，日本人很快接受了自身为黄种人的言说，而中国人接受自身肤色为黄则是进入 20 世纪后的事情。 在 19 世纪的人种书写中，中国人并不是作为"黄色"被描写的，准确地说，有白有赤有黑，最多附带暗黄。

进化论在日本和中国人种知识的再生产过程中占有一席之位，但不像通常想象的那么有影响力，只配位列末席。 对于日本启蒙思想家来说，即使是在文明—野蛮的语境中，人种差异化也有挥之不去的难言之隐，即如何安置"万世一系"的天皇。 如果肯定人种学是科学，日本尚处于"半文明"和"半开化"的位置，那么就意味着天皇是"半文明"和"半开化"的存在。 在晚清中国，从进化论叙述人种面临的问题是族群的多样性和人种的单一性之间的张力。 如果以黄种的集合单数概念作为对抗的装置，必与排满革命的差异原理发生冲突，因此，晚清革命者的人种叙述，撇开名词的炫目，多数情况下字面上的种族实则指称民族，叙事也是在进步和文明语境中展开的。 进化论的人种叙述进入教科书是 20 世纪中华民国成立以后的事情。

如果对大写的单数的 Race 进行拆解的话，可见内里存在复数的小写的 race。 但是，在近代人种叙事中，无论如何细分，均可将复数的 race 简化为文明—半文明—野蛮/开化—半开化一未开化这一等级关系。 在此，人种不单单体现为外部可视的差异，还被赋予了政治的和文化的意涵。 而当人种 ism 化为人种主义或种族主义后，不同 race 之间的关系便体现为支配与被支配的关系，结果种族主义成为统治阶级和帝国体制的意识形态。

"是我们制造了白祸，而白祸又制造了黄祸。"①阿纳托尔·法朗士的这句话深刻地揭橥了"黄祸论"的本质。 既然在科学上高加索人种有优越性，何以惧怕位居下位的蒙古人种？反过来看，"黄祸论"道破了以白种为最高的人种概念的空洞性。 同样，在人种概念的再生产中，被作为对抗人种差异、进而对抗"黄祸论"的"亚洲主义"，不过是附上了一层人种色彩的地缘政治，一如李大钊所指出的，是另一个版本的帝国主义。 第二次世界大战后，亚非拉民族解放运动进入新的阶段，黑人的平等诉求成为焦点。 在黑人实现自身权利的斗争中，中国曾经起到重要的作用。 本书通过阐释《汤姆叔叔的小屋》在中国的阅读，揭示了"汤姆"形象在中国人实现自我解放和声援黑人权利斗争中的意义。 1962 年来华访问的罗伯特·威廉预言："未来属于今天的被压迫者，我将在美国黑人的解放中亲眼看到这个未来。"②

---

① Anatole France, *Sur la pierre blanche*, Paris：Calmann-Lévy, 1905, p. 212.
② Robert F. Williams, *Negroes with Guns*, ed.，by Marc Schleifer, Marzani &. Munsell, 1962, p. 86. ［美］罗伯特·威廉：《带枪的黑人》，第 77 页。

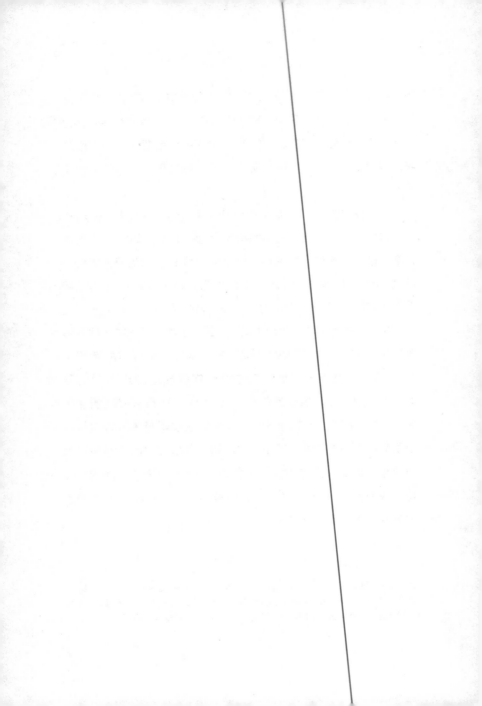

后记

本书虽小，横跨东西三百年，涉及不同语言和语境，从准备到完稿，花费了很长时间。

　　本书主要内容曾在学术杂志和集刊上发表过，在此，我要特别感谢社科文献出版社允许我引用拙著《重审中国的"近代"》第六章的内容。

　　作为很早提倡研究概念史（Begriffsgeschichte）的学人，在本书的写作过程中，我有意避开目下业已固化的研究取向，不纠缠词语学上的含义，不提与概念史有关的术语和著述。我试图从人种概念的生产、流通、再生产及其政治化等呈现其由"空即是色"到"色即是空"的过程，探寻契合中国情景的概念书写。

　　犹记，年轻时读丁韪良（W. A. P. Martin）《花甲忆记》（*A Cycle of Cathay*），又读宫崎滔天《三十三年落花梦》，转眼"未来的现在"已然成为"过去的现在"，而"过去的现在"恍若"未来的现在"。时间总是以否定"现在"的方式展开的，谁也逃不脱被否定的命运。

壬寅初夏于仙林独乐斋

学衡尔雅文库书目

第一辑书目

《法治》 李晓东 著

《封建》 冯天瑜 著

《功利主义》 李青 著

《国民性》 李冬木 著

《国语》 王东杰 著

《科学》 沈国威 著

《人种》 孙江 著

《平等》 邱伟云 著

《帝国主义》 王瀚浩 著

待出版书目（按书名音序排列）

《白话》 孙青 著

《共产主义》 王楠 著

《共和》 李恭忠 著

《国际主义》 宋逸炜 著

《国民/人民》 沈松侨 著

《国名》 孙建军 著

《进步》 彭春凌 著

《进化》 沈国威 著

《历史学》 黄东兰 孙江 著

《迷信》 沈洁 著

《民俗》 王晓葵 著

《启蒙》 陈建守 著

《群众》 李里峰 著

《人道主义》 章可 著

《社会》 李恭忠 著

《社会主义》 郑雪君 著

《卫生》 张仲民 著

《文学》 陈力卫 著

《无政府主义》 葛银丽 著

《现代化》 黄兴涛 著

《幸福》 谭笑 著

《营养》 刘超 著

《友爱》 孙江 著

《政治学》 孙宏云 著

《资产阶级》 徐天娜 著

《自治》 黄东兰 著

《祖国》 于京东 著

（待出版书目仍在不断扩充中）